数据仓库与数据挖掘教程

主　编 ◉ 张益嘉

副主编 ◉ 陈飞

参　编 ◉ 朱薇薇　侯晓迪　邸一得　李晓博

大连海事大学出版社

DALIAN MARITIME UNIVERSITY PRESS

图书在版编目（CIP）数据

数据仓库与数据挖掘教程 / 张益嘉主编. — 大连 ：
大连海事大学出版社，2023.4
ISBN 978-7-5632-4415-7

Ⅰ. ①数… Ⅱ. ①张… Ⅲ. ①数据库系统—研究生—
教材②数据采集—研究生—教材 Ⅳ. ①TP311.13
②TP274

中国国家版本馆 CIP 数据核字（2023）第 039548 号

大连海事大学出版社出版

地址：大连市黄浦路523号 邮编：116026 电话：0411-84729665（营销部） 84729480（总编室）
http://press.dlmu.edu.cn E-mail：dmupress@dlmu.edu.cn

大连金华光彩色印刷有限公司印装　　　　　大连海事大学出版社发行

2023 年 4 月第 1 版　　　　　　　　　　　2023 年 4 月第 1 次印刷
幅面尺寸：184 mm×260 mm　　　　　　　　　　　　　　印张：9
字数：203 千　　　　　　　　　　　　　　　　印数：1～500 册

出版人：刘明凯

责任编辑：王　琴　　　　　　　　　　　　责任校对：董洪英
封面设计：解瑶瑶　　　　　　　　　　　　版式设计：解瑶瑶

ISBN 978-7-5632-4415-7　　　定价：27.00 元

前 言

大数据时代已经来临,人们累积的海量数据因为体量巨大、种类繁多、持续更新等问题,很难体现真正的价值。数据仓库与数据挖掘是从海量数据中获取知识的两项关联紧密的关键技术,是决策支持分析与商业智能的重要基础。"数据仓库与数据挖掘"已经逐步成为高等院校计算机、信息类相关专业研究生和高年级本科生的专业课程。

本书主要介绍数据仓库和数据挖掘技术的基本原理和应用方法,力求使读者知其然还要知其所以然。全书共分为8章。第1章在介绍数据仓库及数据挖掘技术特点的基础上,概要介绍数据仓库与数据挖掘的典型应用,以及两者间的区别与联系。第2章介绍数据仓库结构,数据仓库模型,数据抽取、转换和装载,以及元数据。第3章介绍数据对象与类别、数据特征的统计描述以及常用的数据预处理方法。第4章介绍OLAP的含义、OLAP的多维数据分析、OLAP系统的分类,以及OLTP与OLAP融合的前沿技术。第5章介绍关联规则挖掘原理、关联规则挖掘的Apriori算法、关联规则的评价方法、分类规则挖掘及其方法。第6章介绍分类问题的基本概念、特征,以及决策树分类、贝叶斯分类和K-最近邻分类等分类方法。第7章介绍聚类分析的基本原理;分析过程;常见的聚类分析算法,包括K-means算法、K-中心点算法等;聚类的质量评价。第8章介绍前馈神经网络、卷积神经网络、循环神经网络和注意力机制,并结合实例介绍如何使用深度学习方法完成具体数据挖掘任务。

本书的编写得到了大连海事大学出版社相关人员、编者的同事和研究生的大力支持,鲁明羽教授不仅对部分章节的编写给出了很好的建议,还提供了有价值的参考资料,在此向他们表示衷心的感谢。此外,本书参考了许多文献和网络的公开资料,谨向这些作者表示衷心的感谢和深深的敬意。

限于编者水平,加之数据仓库与数据挖掘相关内容十分丰富,且发展迅速,难免有不当和错误之处,衷心希望读者指正赐教,不胜感激。我们也十分欢迎读者通过邮件等方式提出意见,订正错误。联系邮箱:zhangyijia@dlmu.edu.cn。

编 者

2022年12月于大连

目　录

数据仓库与数据挖掘的概述 ■■■■

数据仓库(Data Warehouse,DW)与数据挖掘(Data Mining,DM)是基于大量数据资源的两项关联紧密的关键技术,是决策支持分析与商业智能的重要基础。本章在介绍数据仓库及数据挖掘技术特点的基础上,概要介绍数据仓库与数据挖掘的典型应用,以及两者间的区别与联系。其目的是为后续章节的学习建立基础知识储备,并起到穿针引线的作用。

1.1 数据仓库的概述

1.1.1 从数据库到数据仓库

数据库(Database,DB)是长期存储在计算机内的、有组织的、可共享的数据集合。目前使用最多的数据库是关系数据库。为了与数据仓库相区别,人们把关系数据库称为传统数据库,或操作型数据库。按照计算机数据处理方式的分类,数据库应用系统被称为联机事务处理(On-line Transaction Processing,OLTP)系统,其数据存储在传统数据库中。它侧重于对传统数据库进行日常业务处理工作,通常是对一个或一组记录进行查询或修改,主要为企业的特定应用服务。其基本特征是在保证数据的安全性和完整性的前提下,对用户的操作进行快速响应。数据库中存放的数据都是当前的数据,并随着业务的变化随时更新。例如,在教务管理数据库中,学生的成绩存在录入错误时,教师要修改数据库中关于成绩的数据记录。不同的业务要建立不同的数据库。

随着时间的推移,数据库中的数据量急速增长。用户不再仅仅满足于使用计算机去处理日常交易,而是希望通过访问大量的历史数据进行决策分析。比如,为了提高超市的利润,管理人员希望通过查看顾客的历史信息决定商品的排列方式、优惠政策等。这种对历史数据进行分析,从中提取用于决策的关键信息的数据处理方法称为分析型数据处理,支持这种分析型数据处理的系统称为决策支持系统(Decision Support System,DSS)。将决策支持系统的信息提供给企业管理人员作为决策参考的过程称为决策支持。

关系数据库对业务处理和决策支持的处理方式与人们对数据管理需求之间有明显的不和谐之处,使得关系数据库无法充分满足同时进行业务处理和决策分析的要求。其原因主要体现在以下几个方面:

（1）在关系数据库的业务处理系统中，用户对响应时间的要求很高。在分析型数据处理中，情况却截然不同。有时候，一个决策支持可能会需要系统运行数小时乃至数天，占用大量系统计算、存储资源，才能得出结果，响应用户需求。这是业务处理系统用户无法忍受的。

（2）在进行决策分析时，企业不仅需要其内部数据，常常还需要其外部数据，甚至需要竞争对手的全部数据。然而，传统业务处理系统的关系数据库一般只保存本企业的内部数据，不保存本企业业务处理以外的数据。这显然无法满足决策分析的需要。

（3）为对企业未来发展进行准确的分析预测，需要从较长的时间维度上分析业务，因此历史数据具有举足轻重的作用。但基于业务处理的关系数据库中的数据，一般只保留数据的当前值，无法满足决策分析的需要。

（4）在进行决策分析时，最近一段时间的数据更能体现出企业的经营状况。因此，分析型数据处理系统要求数据能够定期、及时地集成更新。然而，传统数据库在对数据进行一次集成后，通常与数据源不再有联系，这就导致分析处理所用到的数据有可能是几年前的，从而得出错误的分析结果。

数据仓库是伴随信息系统（Information System，IS）、决策支持系统的发展而产生的。它是一个面向主题的、集成的、非易失的、随时间而变化的、支持管理决策的数据集合。数据仓库是多个数据库的集成。随着数据库技术的发展，人们对数据库中的数据进行再加工，形成了能够更好支持决策分析的数据仓库技术。决策分析需要对多个关系数据库进行综合分析，而 OLTP 无法满足用户对数据库决策分析的需要，这就产生了联机分析处理（On-line Analytical Processing，OLAP）系统。它可以应分析人员的要求，快速、灵活地对大量数据进行复杂处理，并以一种直观的方式呈现给决策人员，以便他们准确掌握企业发展现状，制定发展规划方案，以增加企业收益。OLAP 的基本思想是使决策者从多方面和多角度出发，以多维的形式来查看企业的状况。数据仓库为企业综合和灵活的分析型应用提供了强大的数据支撑，为管理层决策分析提供了技术保证，提高了企业的效益。

从数据库到数据仓库的演变，体现了以下几点：

（1）数据库用于业务处理；数据仓库用于决策分析。

（2）数据库保存业务处理的当前数据；数据仓库既保存当前数据，又保存历史数据，它不随时间变化而变化。

（3）数据仓库的数据是基于数据库数据的大量集成。

（4）对数据库的操作明确，操作量小；对数据仓库的操作根据决策需求临时决定，操作不明确且操作量大。

1.1.2　数据仓库的特性

数据仓库是体系结构化环境的核心。本部分我们将对它的主要特性进行详细的分析说明。

1.1.2.1　面向主题

主题是管理人员进行决策分析时所关心的重点领域，也就是在一个较高的管理层次上对信息系统的数据按某一具体的管理对象进行综合、归类所形成的分析对象。例如,保险公司高管要对所有客户进行决策分析,需要构建面向客户主题的数据仓库;商品是超市管理者的一个决策分析对象,因此要建立面向商品主题的数据仓库。

在传统的操作型数据库中,数据组织是面向事务来处理任务的,比如通过流动人口登记等业务操作来组织数据。而在数据仓库中,数据是按照一定的主题域进行组织的,决策者可以从多个角度、不同层次查看某种统计数据。面向主题就是指数据仓库中的数据必须按照决策分析的主题进行综合集成。

数据仓库从用户的实际需求出发,每一个主题域可能需要一个或多个表来表现,表和表之间通过"外键"或公共关键字联系起来,统一刻画各个分析对象所涉及的各项数据,以及数据间的角度和层次关系。

1.1.2.2　集成性

数据仓库中的数据来自多个不同数据源,而这些数据一般是有噪声的、不完整的和数据形式不统一的。这些异构数据直接导入数据仓库会影响数据挖掘的质量,因此要经过一系列的抽取、转换、装载等操作,也就是后面章节所讲到的 ETL 过程。这是数据仓库建设中最关键、最复杂的一步。例如,要完成的工作有:统一处理源数据中所有矛盾之处,如字段的同名异义、异名同义、单位不统一、字长不一致;进行数据综合和计算;等等。得到的结果只要是存在于数据仓库中的数据就具有企业的单一物理映像。

例如,开发人员在设计之初不会考虑数据将来某一天会和其他数据进行集成,导致多个数据源之间的数据在编码、命名习惯、物理属性、属性度量单位等方面存在巨大的差异。在不同的应用中,人们可能会用厘米、米、英寸等去表示"长度"编码,但无论使用何种形式,在进入数据仓库时,都要进行一致性处理。

数据仓库中的数据集成可以是在从原有数据库中抽取数据时生成的,也可以是在数据仓库内部生成的,即装载到数据仓库以后根据决策分析进行概括、聚集生成。

1.1.2.3　非易失性

传统数据库系统中存储的是当前的数据,记录系统中数据变化的瞬态。对于数据仓库来说,历史记录是非常重要的。因此,数据仓库中存储的数据大多是历史数据。数据是批量装载和访问的,在数据仓库环境中并不进行更新。数据仓库中的数据是以静态快照的方式进行装载的,当数据发生变化时,一个新的快照记录就会被传入数据仓库。数据仓库会保留数据的历史状况,因此数据仓库在某个时段看是不变的。

对于操作性数据,访问和处理是按一次一条记录的方式进行的,可以随时进行插入、更新等操作。当从数据库中抽取 5 年的数据成功构建数据仓库以后,它主要用于访问,一般不会被修改,具有相对稳定性。

1.1.2.4　随时间而变化(时变性)

数据仓库随时间变化不断增加新的数据内容。因此,数据仓库的数据特征都包含时间项,以标明数据所属的历史时期。数据仓库系统必须不断捕捉数据库中变化的数据,追加补充到数据仓库中去,不断地生成数据库应用系统的快照。但对于确定不再变化的数据库快照,如果捕捉到新的变化数据,则只生成一个新的数据库快照增加进去,而不会对原有的数据库快照进行修改。在后面章节中讲到的数据装载过程就体现了数据仓库的此特性。

为了提高运行速度,数据仓库的数据有一定的存储期限,一旦超过了这个期限,过期的数据就要被删除。但数据仓库内的数据时限要远远长于操作型环境中的数据时限,例如,在操作型环境中的数据一般只保存 60~90 天,而在数据仓库中的数据需要保存较长时间(如 5~10 年),以满足 DSS 进行趋势分析的要求。因此,数据仓库中的数据具有时变性,只是时变周期远大于应用数据库。

数据仓库的非易失性和时变性并不冲突,从长时间来看,它是时变的,但从短时间来看,它是稳定的。

1.1.3 数据仓库的应用

数据仓库作为一个信息提供平台,可以应用于社会中的各个行业,如电子商务行业、金融行业、通信行业、医疗行业等。数据仓库从业务处理系统中获得数据,并以星形模型、雪花模型等实现对数据的有效组织。

1.1.3.1 具体表现

一般情况下,数据仓库在各行业的应用有:

(1)抽取数据信息。数据仓库具有独立性,在应用中需要从业务处理系统、外部数据源等介质当中获取数据,并设置定时抽取,但需要合理控制操作时间、顺序等,以提高数据信息的有效性。

(2)存储和管理数据。作为数据仓库的关键,数据存储及管理模式直接决定其自身特性。因此,该方面的工作需要从技术特点入手,并积极解决各项业务并行处理、查询优化等问题。

(3)表现数据。表现数据作为数据仓库的前端,集中在多维分析、数据统计等多个方面。其中,多维分析是数据仓库的核心,也是其具体表现形式,而数据统计能够帮助企业抓住机遇,实现经济效益最大化的目标。

(4)技术咨询。数据仓库的出现及应用并不简单,它是一个系统性的解决方案和工程。实施数据仓库时,技术咨询服务十分重要,是一个必不可少的部分,对此,在应用中应加强对技术咨询的关注力度。

1.1.3.2 具体应用实例

(1)数据仓库在电子商务行业的应用

网站在悄无声息地记录你的行踪,了解你的喜好。如果你在购物软件里点击了一下手机,之后又浏览了平板电脑,那么网站就会记录下你的点击顺序、在每件商品上的停留时间以及你购买了什么。这些信息都由数据仓库保管整理。利用数据仓库,商店还可以有效控制商品库存,通过网上供货渠道随时补充货源。与传统公司以自我为中心的模式不同,新一代的商业模式更加侧重用户的需求,以信息定制产品。没有数据仓库,这种一对一的商业模式就不可能实现。数据仓库已经逐步成为电子商务企业竞争差异的关键。

（2）数据仓库在金融行业的应用

随着外部监管和信息披露压力的不断增大、内部管理和决策分析需求的不断增加，金融行业开始利用先进的数据仓库技术建立集中的、包含详细交易数据的商业智能解决方案：对内可以加强经营管理，对外可以更好地了解用户需求，开发新产品或服务，利用现有渠道对客户进行交叉销售，增加盈利，并在特定业务领域提供针对性服务。目前，发达国家的大型商业银行都建立了自己的数据仓库系统，利用多维数据分析金融数据的一般特性。数据仓库的使用可以减少对数据层的重复投资，避免造成资源浪费，可以统一监管和提高数据质量，消除信息孤立，适应管理和发展，提高业内竞争力。

（3）数据仓库在通信行业的应用

通信行业是典型的数据密集型行业，拥有较多的用户数据。数据仓库通过用户资料，对用户进行分类，从消费能力、消费习惯、消费周期等方面对用户话费进行分析预测，可以为企业的决策提供依据。企业根据消费行为的分析结果制定不同的优惠策略。由于业务和管理需求不断变化，许多需求在系统设计之初未曾预料到，导致报表输出成为一个日益突出的矛盾。利用数据仓库技术中元数据的思想，将报表元素分解成基本构件，可进行任意组合，生成动态报表，这将使报表灵活、多变，同时工作量又增加得并不多。数据仓库技术有效地将数据转化为生产力。

1.2 数据挖掘的概述

数据挖掘是从数据库的大量的、不完全的、有噪声的、模糊的数据中，提取隐含的、先前未知的且具有潜在价值信息和知识的过程。该过程是一种决策支持过程，主要基于人工智能、机器学习、模式识别等，从中挖掘出数据背后的潜在价值。数据挖掘的目标是建立一个决策模型，根据过去的行动数据预测未来的行为，具有程序复杂度高、运算计算量大等特点。

1.2.1 数据挖掘的含义

数据挖掘是在各领域的主题数据库中挖掘、处理海量数据信息的动态过程。这些数据信息通常经过了预处理，具有结构化特点。借助统计学、信息检索、数据可计算、机器学习、数据库、知识工程等多种技术，通过数据挖掘算法可以从海量数据中提取具有研究价值和应用信息的数据和知识。

随着科学技术水平的提升，数据挖掘技术逐渐成熟，特别是在数据运算过程中，能更准确地整合资源。数据挖掘技术可从海量数据信息中获取相关数据，以满足检索数据和分析范围较广、内容丰富的多样化数据挖掘的需求。例如，在制造行业中，利用数据挖掘技术获取问题产品产生的数据，通过充分了解产品本身的生产效率来提高制造产品的质量水平，从而促进制造行业的持续发展。在市场营销方面，借助数据挖掘技术深入分析和提取市场数据信息,通过掌握大量的市场用户信息资源,挖掘出用户的真实需求。

大数据时代下的数据挖掘技术,主要具有丰富性、针对性及经济性特征。数据挖掘需要借助统计学知识,在建立挖掘模型和设计挖掘算法的基础上,揭示潜在数据信息及其内部特点,构建科学的数据挖掘模型。数据挖掘技术充分借助可视化技术对复杂的数据进行筛选、整合分析和处理有价值的数据,保证数据的处理质量,有效减少数据丢失情况。

以软件开发为例。一般在软件开发过程中会产生大量的数据信息,这些数据信息主要为设计文档、软件代码、软件版本以及测试的数据和结果、用户反馈信息等。软件工程数据是软件开发人员提供信息的主要途径。如果软件的开发规模大,软件工程中数据的复杂性和数量也将不断增加;如果软件开发者不能通过代码信息、文档浏览信息挖掘到有效的信息,将无法满足对软件的开发需求。因此,为了解决目前软件工程开发中存在的各种问题,可以充分利用数据挖掘技术,有效弥补传统数据挖掘技术使用中的缺陷,在为软件工程开发工作提供基础条件的同时,也为开发者的后期工作奠定坚实基础。

软件工程数据挖掘技术被广泛应用在人工智能、软件工程等多个方面,且软件工程中数据挖掘技术和传统数据挖掘技术相似,不仅可以对软件工程中的数据进行处理,也可以利用有效算法为软件开发者提供需要的信息。每个人对信息的理解不同,如果利用人力对数据信息进行采集和理解,不仅会浪费大量时间,也将增加更多成本,并且易受主观意识的影响,不具备一定的权威性,而数据挖掘技术能有效解决这方面的问题。对于一些混乱、无用的数据信息,数据挖掘技术能在多个角度上进行数据信息整合,从而获得准确结果,也可以将获得的整合结果应用到实际工作中,并结合具体工作效果选择适合的数据,提高数据的利用率。企业基于数据挖掘技术的使用也选择优化策略,保证数据作用的充分发挥。同时,数据挖掘技术也将企业中的抽象数据转换为能够被理解的数据信息,能为企业决策提供重要条件。

总之,数据挖掘技术的形成是在现代科学信息的条件下,结合不同的数据分析目的,实现数据信息的有效分类和目标的细化,保证能获得更准确的信息。将数据挖掘技术应用到软件工程中具有重要作用,不仅能进行数据信息的采集,也能对大量的数据进行整合,从而为软件开发提供完整的查询和管理体系。企业利用数据挖掘技术可快速地查找和分析数据信息,从而加强对数据信息的应用。

1.2.2 数据挖掘的主要任务

数据挖掘的主要任务一般分为预测型任务和描述型任务。前者是指用一些变量或数据库的若干已知数据的属性值来预测其他感兴趣的变量或者未知数据的属性值,比如分类分析和离群点检测等;后者是通过对数据集的深度分析,寻找概括数据相互联系的模式和规则,比如关联分析、分类分析、聚类分析和序列模式等。

1.2.2.1 关联分析

数据挖掘是用来发现规则的,关联规则是一种非常重要的规则,它通过数据挖掘的方法,发现事务数据之间的相互关系,从而利用所发现的关联规则来指导商业决策和行为。

"购物篮分析"就是一个最常见的关联分析问题,可以从消费者交易记录中挖掘商品与商品之间的关联,进而通过商品捆绑销售或者相关推荐的方式带来更多的销售量。

1.2.2.2 分类分析

分类分析(Classification Analysis)是通过分析已知类别标记的样本集合中的数据对象,为每个类别建立分类模型或提取分类规则,然后利用这个分类模型或分类规则对样本集合以外的其他记录进行分类。

分类分析已经广泛地应用在银行、制造业、通信传播等行业,用于客户信用等级预测、产品制造或商业销售。它包含两个步骤,首先从现有已知类别的客户信息中提取分类规则,然后根据分类规则去判断新客户可能的类别。

例 1.1 设有 4 个属性(学生、年龄、收入、手机)4 条记录的数据库,它记录了顾客来商店咨询手机的事宜,以及顾客的身份和年龄,如表 1.1 所示,其中"手机"属性称为类别属性,它标记了一个顾客在咨询结束后,在本店是否真的买了手机。

表 1.1　手机商店顾客消费信息

样本 id	学生	年龄	收入	手机
X_1	否	31~40 岁	一般	没买
X_2	是	≤30 岁	一般	买了
X_3	是	31 ~ 40 岁	较高	买了
X_4	否	≥ 41 岁	一般	买了

(1)分类分析:假设利用某种分类算法对表 1.1 中的数据进行分析,挖掘出两条分类规则。

①If 学生 = 是或者年龄 ≥ 41 岁 then 买了手机;

②If 学生 = 否且年龄 = 31 ~ 40 岁 then 没买手机。

(2)规则应用:假设商店来了一个新顾客咨询手机事宜,老板询问他是否是学生、年龄和收入等情况,得知此人的基本信息:学生 = 否,年龄 = 44 岁,收入 = 一般。

由此,老板应用分类规则预测此人是诚心购买手机的,就会在接待和介绍产品的过程中有更多的耐心和关心,并可能最终促成顾客购买手机。

1.2.2.3 聚类分析

聚类分析就是根据给定的某种相似性度量标准,将没有类别标记的数据库记录,划分成若干个不相交的子集(簇),使每个簇内部记录之间相似度很高,而不同簇的记录之间相似度很低。

聚类分析可以帮助我们判断数据库中记录划分成什么样的簇更有实际意义。聚类分析已经广泛应用于定向销售、信息检索等领域。

例 1.2 设有 3 个属性 4 条记录的数据库,它记录了顾客的基本信息,如表 1.2 所示。

表 1.2　手机商店顾客信息

样本 id	学生	年龄	收入	类别
X_1	否	31 ~ 40 岁	一般	?
X_2	是	≤ 30 岁	一般	?
X_3	是	31 ~ 40 岁	较高	?
X_4	否	≥ 41 岁	一般	?

试用某种相似性度量标准,对记录进行聚类分析。

解: 由于没有指定具体的相似性度量标准,因此,我们可以根据表 1.2 中的属性来选择集中不同的相似性度量标准,对其进行聚类分析,并对其结果进行简单的比较。

(1)若以顾客身份是否为"学生"作为相似性度量标准,则 4 条记录可以聚成 2 个簇:$A_{\text{学生}} = \{X_2, X_3\}$,$A_{\text{非学生}} = \{X_1, X_4\}$。

(2)若以顾客年龄作为相似性度量标准,则 4 条记录可以聚成 3 个簇:$A_{\leqslant 30岁} = \{X_2\}$,$A_{31 \sim 40岁} = \{X_1, X_3\}$,$A_{\geqslant 41岁} = \{X_4\}$。

(3)若以收入水平作为相似性度量标准,则 4 条记录可以聚成 2 个簇:$A_{\text{一般}} = \{X_1, X_2, X_4\}$,$A_{\text{较高}} = \{X_3\}$。

从此例可以发现,对顾客记录的聚类分析就是对顾客集合进行一个恰当的划分。对同一个顾客信息数据库,如果使用不同的相似性度量标准,则可以得到不同的划分结果,即聚类算法对相似性度量标准是敏感的,同时也告诉我们可以选择不同的度量标准对数据库进行聚类分析,来得到更加符合实际工作需要的聚类结果。

1.2.3　数据挖掘的应用

在大数据时代,合理运用数据挖掘技术能够有效地降低企事业单位实际运行的成本,降低企事业单位在发展过程中的风险系数,提高利润率,以及增强在生产、管理和销售方面的竞争力。目前,数据挖掘技术在各个领域都有很广的应用。

1.2.3.1　数据挖掘技术在互联网方面的应用

互联网信息中含有丰富的文本、图形图像、声音等媒体信息,还包括链接结构信息、使用记录信息等非媒体信息。利用数据挖掘技术对互联网的内容、结构、记录等展开挖掘,能够较为快捷地获取多种对于使用者而言具有价值的信息,优化网站组织结构,提高网站使用者的访问效率,让同类用户能够高效地聚集在一起。具体而言,数据挖掘技术在互联网方面的应用,主要表现在网络检索和网络入侵监测系统方面。对于网络检索,运用数据挖掘技术,工作人员可从网站中提取目标样本的特征,进行分词处理,通过自动分类、聚类文本的方式,从网络信息资源库中发掘用户所需要的信息;对于网络入侵监测系统,工作人员可通过时间序列模式的挖掘方法,对网络传输数据包、系统日志展开分析,判断是否存在非授权使用计算机的个体,或计算机系统的合法用户是否存在非法访问的情况,以完成对网络的入侵监测。

1.2.3.2 数据挖掘技术在医疗领域的应用

医疗领域的数据信息数量、规模都十分庞大,应用数据挖掘技术具有重要意义,但医疗行业的数据信息通常是由不同的信息系统管理的,而且在保存格式上,与其他行业有所不同。在医疗行业中应用数据挖掘技术,最重要的是对大量的数据信息进行归纳与整合,最终预测出大致的医疗和保健等的费用。

1.2.3.3 数据挖掘技术在市场营销领域的应用

在市场营销领域应用数据挖掘技术,主要是分析消费者的消费心理与消费习惯,并根据分析结果预测出消费者在未来的消费行为,在参考数据分析结果的基础上,企业可以调整自己的生产、销售计划,进一步提升产品的销量。而且,在市场营销领域应用数据挖掘技术能够帮助企业更加高效地在客户群中挖掘出具有高度购买潜力的且诚信度高的客户,进而针对优质客户展开客户关系维护。

1.2.3.4 数据挖掘技术在教育领域的应用

数据挖掘技术在教育领域也有着重要的应用价值。教师可应用数据挖掘技术对学生的情况展开分析,对学生的学习基础、认知水平、个性特点进行分析挖掘,对自身的教学设计进行有针对性的调整,提升课堂教学的质量。除此之外,教师也可应用数据挖掘技术分析学生的学习成绩,了解学生在各科学习中存在的优势与劣势,进而合理优化配置教学资源。

1.2.3.5 数据挖掘技术在企业管理中的应用

大数据环境下,可以使用数据挖掘技术分析当前企业生产、营销的现状,探究市场发展环境,对各类产品的优化设计、营销方案的改进均能够产生积极影响。与常规财务分析模式对比,数据挖掘技术的应用优势突出表现在以下几个方面:首先,应用数据挖掘技术,可将事后财务分析的方式转变为实时分析方法。常规财务分析主要是对生产、营销的结果进行计算,且各类指标的计算均需要建立在已经核算完成的数据上。数据挖掘技术的应用,则能够增强财务数据、物流系统及生产系统之间的联系,加强数据的实时交换、应用管理,满足多样化的财务分析需求。其次,数据挖掘技术的应用,能够使数据检索更加精确。应用数据挖掘技术后,数据层级传输、作业成本分配的精确度更高,为后续各项数据分析和企业决策的制定奠定良好的基础。最后,数据挖掘技术能够将单一内部数据计算的方式,转变为内部数据与外部数据整合计算、分析的方法。通过采用大数据技术分析财务内部数据,且适当拓展数据来源,接入互联网、审计等外部信息,实时提供行业间的比对信息,促进企业管理的高效发展。

1.2.3.6 数据挖掘技术在投资决策中的应用

财务分析为管理会计的构成内容之一,根据数据检索、分析的结果,为企业管理人员带来准确、有效的数据支撑。充分应用大数据挖掘技术,可以从诸多信息和数据中探究现如今存在的问题,还可以应用数据挖掘技术明确数据变化的联系,通过准确计算模型的构建为各类决策奠定信息支撑。以现金流法为例,它主要是会计核算中确定某项资产公允价值的方式。常规财务分析主要结合财务人员的工作经验、主观判断开展,计算折现率。数据挖掘技术的应用,则能够在系统化、综合性数据分析的方式下,从金融机构、企业生产及系统模型等数据中,对信息的关联进行分析,且自主形成折现模型,并且能根据历史数据进行校验、审核及修正操作。这种方式下,获得的数据信息更加全面、真实,计算的结果更加准确。大数据时代下,财务分析慢慢地从历史计算的方法向主动价值探究的方向变化。数据挖掘技术可从诸多数据中获取有效的数据支持,分析数据之间的潜在关系,在数据处理中积累经验,发现更多、更有意义的价值。比如在企业成本效益核算期间,可以应用数据挖掘技术分析某种类型的成本,和其他不直接关联费用的事物关联。若具有高关联性特征,则需要将其融入项目预算、决策的过程中,提高成本效益核算的准确性。

1.2.3.7 数据挖掘技术在财务风险评估中的应用

财务风险评估,主要是根据当前企业的内部环境、外部市场、政策环境等进行分析,对影响企业经营、发展的相关因素进行预测。财务风险评估涉及的内容较多,并且数据、信息来源丰富。在常规人工计算、数据检索的方式下,工作效率较低,且工作质量较差。应用数据挖掘技术,则能够快速对企业的经营现状、成本控制效果等指标进行计算,根据市场发展中不同产品销售量、行业发展环境等进行数据分析,搭建财务预警数据体系。数据挖掘技术能自动获取企业相关历史信息,且从多层面、多角度分析相关数据关联,准确计算下一阶段的销售情况,为后续企业产品推广、销售及生产工作的开展奠定良好的基础。比如通过调用预算对比模型的方式,比较计划现金流与实时现金流,明确资金流向,若发现异常的情况则需要及时处理。同时搭建聚类评估模型,根据客户差异,纳入不同的信用等级,且根据数据分析的结果,实施针对性应收账款的监控,降低企业中坏账的发生率。

1.3 数据仓库与数据挖掘

1.3.1 数据仓库与数据挖掘的区别

数据仓库和数据挖掘都是为了支持企业业务决策,这是它们唯一的共同点,但两者是由独立的知识体系构成的。数据仓库是一种数据存储和数据组织技术,提供数据源。数据挖掘是一种数据分析技术,可针对数据仓库中的数据进行分析。

两者的区别主要体现在以下几个方面:

1.3.1.1 内涵不同

数据仓库是一种高度集成、较为稳定且具有主题性的数据集合体,该数据集合体能够对数据的历史变化进行真实反映,这使其能够为管理决策的制定提供支持;而数据挖掘的核心是知识发现的算法。数据挖掘基于数据仓库,但又不局限于数据仓库,还可以是其他格式的数据对象;数据仓库的分析工具不局限于数据挖掘工具,还有 OLAP 多维分析工具以及其他统计分析工具。

1.3.1.2　阶段不同

数据仓库是数据挖掘的前期步骤,为数据挖掘做准备。数据仓库中的构件,提高了数据挖掘的效率和能力,保证了数据挖掘中数据的宽广性和完整性。

1.3.1.3　目的不同

数据仓库是为了支持复杂的分析和决策;数据挖掘是为了在海量数据里面发掘出具有预测性的、分析性的信息,多用来进行预测分析。

1.3.1.4　处理方式不同

数据仓库是针对某些主题的历史数据进行分析,支持管理决策。数据挖掘是基于数据仓库和多维数据库中的数据,找到数据的潜在模式进行预测,它可以对数据进行复杂处理。大多数情况下,数据挖掘是让数据从数据仓库到数据挖掘数据库中。

简单来说,数据仓库不是为数据挖掘而生的,反过来数据挖掘技术也不是因数据仓库而存在的。

1.3.2　数据仓库与数据挖掘的联系

如果将管理决策比作老鹰的身体,数据仓库和数据挖掘就是老鹰的翅膀。企业的管理决策依赖于数据仓库和数据挖掘。数据仓库中存储大量的集成数据,它为企业管理人员随时提供各种辅助决策的随机分析查询和综合信息。数据挖掘利用一系列算法挖掘数据中的隐含知识,实现了用户与知识库之间的交互,用于支持决策分析。数据仓库相当于一座矿山,而数据挖掘就是采矿的工具。没有数据仓库中丰富完整的数据支持,数据挖掘技术很难得到有意义的信息。两者的最终目的都是提升企业的信息化竞争能力。

数据仓库与数据挖掘的关系可以概括为以下几个方面:

(1)数据仓库为数据挖掘提供了更好的、更广泛的数据源。数据仓库集成来自企业内部和外部的多数据源的数据,可以进行企业长期趋势分析,为分析决策提供支持。

(2)数据仓库为数据挖掘提供了新的支持平台。数据仓库中的数据能够定期动态更新,数据仓库对大量数据有复杂查询的能力。这不仅提高了数据挖掘的效率,还可以做到实时交互,挖掘出更有价值的信息。

(3)数据仓库为更好地使用数据挖掘这个工具提供了方便。数据仓库对来自各个异构数据源的数据进行处理集成,包含大量的综合性数据,为数据挖掘节省了时间。数据仓库不是数据挖掘的必要条件,数据挖掘也可以基于各个数据库,但数据仓库中的数据与数据挖掘结合可以实现最优的决策分析支持。此外,数据仓库中还存储了不同粒度级的数据,满足多层次和多种知识的挖掘需要。

（4）数据挖掘为数据仓库提供了更好的决策支持。数据仓库是进行数据存储的技术。而数据挖掘技术的出现使人们能够从数据仓库中发现隐含的、潜在的、有用的知识和模式，为企业管理人员提供更高层次的决策辅助信息。这是数据仓库本身不能实现的。

（5）数据挖掘对数据仓库的数据组织提出了更高的要求。数据仓库作为数据挖掘的主要对象，不仅要满足查询和 OLAP 等分析要求，还必须考虑到数据挖掘的一些特别要求。

（6）数据挖掘为数据仓库提供了广泛的技术支持。数据挖掘的可视化技术、统计分析技术等都为数据仓库提供了强有力的决策支持技术。

基于数据仓库的数据挖掘技术其实就是针对数据仓库中的数据进行多角度、多层次的加工和处理过程，以此来使相关的数据和信息实现决策价值。通过对数据仓库中大量历史数据的更高层次的抽象，不仅能够反映出数据之间的内在特性和联系，还可以获得用于决策和分析的有用知识和信息。

 **习题 1**

1.从数据库发展到数据仓库的原因是什么？

2.简述数据仓库具有哪些重要特征。

3.简述数据仓库与传统数据库的主要区别。

4.简述数据挖掘的主要任务。

5.简述数据仓库与数据挖掘的区别。

6.简述数据仓库与数据挖掘的联系。

7.下列活动是否属于数据挖掘？为什么？

（1）根据性别划分超市顾客；

（2）根据公司历史业务数据预测下半年的盈利情况；

（3）预测掷一堆骰子的结果；

（4）使用历史数据预测某企业明天的股票价格。

数据仓库结构、模型与元数据 ■■■■

2

为建设数据仓库系统,人们通常首先对多个异构数据源进行有效集成,然后按主题对集成数据进行重组,形成数据仓库的主题数据库。数据仓库主题数据库中的数据是相对稳定的,通常不再改动,常用于做决策支持分析。

数据仓库系统的建立和开发以企业、组织现有关系数据库系统和大量业务数据的积累为基础。数据仓库不是一个静态的概念,只有把信息适时地交给需要这些信息的用户,供他们做出改善业务经营的决策,信息才能发挥作用。因此,整理、归纳、重组信息,并把它们及时提供给相应的管理决策人员是建设数据仓库的根本任务。数据仓库的开发是全生命周期的,通常是一个螺旋演进的开发过程。

2.1　数据仓库结构

数据仓库环境由四个层次组成:操作层、数据仓库层、数据集市层、个体层。数据仓库系统的体系结构如图 2.1 所示。

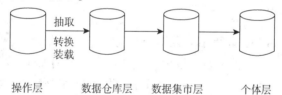

图 2.1　数据仓库系统的体系结构

操作层保存业务数据的当前值。这部分数据一般来源于业务处理系统的关系数据库。此时,业务处理系统及关系数据库系统构成处理数据的操作型环境。操作型环境是数据仓库系统的数据来源。操作层中的数据主要是面向应用的、服务于高性能响应要求的业务处理领域。操作型环境中的数据通常涵盖企业的外部数据和内部数据。

数据仓库层保存稳定的、基本不改动的历史数据和导出数据。从操作型环境中抽取出的数据,依数据仓库逻辑数据模型要求进行数据转换,再依物理数据模型要求装载到数据仓库中。数据仓库层是面向企业的,为企业各个部门运行提供决策支持基础。

数据集市层是部门级的,一般为局部范围管理人员提供数据支持,是逻辑上或者物理上划分出来的数据仓库子集。若干部门的数据集市一起组成数据仓库。企业中部门用于决策支持、分析挖掘的数据均来源于数据仓库。尽管数据集市中的数据与数据仓库中的数据存在必然联系,但是也存在相当的不同。数据仓库是面向企业的,不同部门

13

可能只使用数据仓库的一部分数据,即子集。为了提高处理效率,人们把依特定逻辑规则划分的数据子集分离出来,形成数据集市。数据集市中的数据通常是非规范化的和汇总的。它是为满足不同部门的决策支持需求而形成的数据仓库子集。

个体层保存的数据往往是暂时的、小规模的。个体层是数据集市层的子集。在个体层常做很多多样化、个性化、启发式分析。个体层的决策分析模型很少被大规模使用。

2.2 数据仓库模型

数据仓库要解决的主要问题是设计数据仓库的数据模型。设计数据仓库通常采用的数据模型有两种:关系模型和多维模型。对于关系模型而言,建立关系数据库是必然的选择。关系数据库系统主要对数据进行随机读写操作,采用的是实体关系(Entity Relationship,ER)模型。在业务处理中,它解决了数据冗余性和一致性问题。承接关系数据库,采用同样的关系模型建立数据仓库,是一个自然的想法。这种模型实现起来,由数据库到数据仓库的过渡也自然而然。然而,用于操作型环境的数据库和分析型环境的数据仓库毕竟有着本质的区别。数据仓库主要的操作是分析数据、决策支持,重点在于数据集成。相对地,数据库则更看重数据一致、系统快速响应与用户易用。

此外,数据仓库对复杂数据处理的性能要求较高,所以通常采用多维模型。

2.2.1 关系模型

数据仓库之父 Bill Inmon 提出的数据仓库建模方法是从全企业高度出发,建立一个满足第三范式(3NF)的关系模型。该模型用 ER 模型描述企业业务。数据仓库中的3NF 与数据库系统中的 3NF 有所不同,前者是站在企业角度面向主题的抽象,后者是针对某个具体业务的实体对象关系的抽象。

采用关系模型对数据仓库进行建模,以集成数据为目标,将各个异构数据库系统中的数据从企业角度按照主题进行合并和一致性处理,为数据决策分析服务,但不能直接用于决策分析。

其建模过程分为三个阶段:

(1)高层建模:以实体和关系为特征,描述企业的总体概况,是高度抽象的模型。

(2)中间层建模:高层模型中标识出了主要主题域和实体,每个主题域都要再进一步扩展成各自的中间层模型。

(3)底层建模:也称为物理模型,从中间层模型扩展而来,包含关键字和物理特性。

2.2.2 多维模型

不同于数据库的关系模型,数据仓库的逻辑数据模型是多维结构的数据视图,也称多维模型,由 Ralph Kimball 提出。他同时提倡构建模型应从管理层决策分析需求出发。多维模型降低了数据模型的关系规范化程度。多维模型将数据看作数据立方体。该立方体包含相关的事实和维度。基于事实和维度,用户可从多角度、多层次进行数据分析处理。多维模型最大的优点是可以高效访问数据。多维模型可以通过星形连接将数据及数据分析结果高效地传递给用户。

2.2.2.1 多维建模过程

Kimball 提出了多维模型建模的四个步骤:选取业务处理过程、定义粒度、选取维度、确定事实。

(1)选取业务处理过程

多维建模的第一步应结合用户意见及决策人员对数据的理解确定需要进行分析决策的业务处理内容。业务处理过程是企业、组织中常常进行的业务活动。

(2)定义粒度

粒度(Granularity)是数据仓库中数据单元的细节程度或综合程度的级别。粒度用于确定事实中表示的是什么。选择维度和事实前必须声明粒度,因为候选维度和事实必须与定义粒度保持一致。数据越详细,粒度越小,级别就越低;数据综合度越高,粒度越大,级别就越高。例如,地址数据中"北京市"比"北京市海淀区"的粒度大。

在关系数据库中,数据处理和操作都是在最低级别的粒度上进行的。但是在数据仓库环境中主要是分析型处理,一般需要将数据划分为详细数据、轻度总结、高度总结或更多级粒度,因此需要从原始粒度出发,根据实际情况确定数据的粒度。不同的事实可以有不同的粒度,同一事实必须是相同的粒度。

粒度影响问题答案的细节程度,也影响存放在数据仓库中数据量的大小。当存入数据仓库的粒度级别太高时,需要对数据进行拆分;当存入数据仓库的粒度级别太低时,需要对数据进行编辑汇总。

(3)选取维度

维(Dimension)是人们观察数据的特定角度,是考虑问题时的一类属性。此类属性的集合构成一个维度。维度是多维模型的基础和灵魂。维度表存储了某一维度的所有相关数据,如时间维度应该包含年份、季度、月份、日期等数据,代表时间维度的四个不同的层次。维度表是事实表的基础,也说明了事实表的数据是从哪里采集来的。在多维模型中,度量称为事实,与事实有关的环境描述称为维度。维度用于分析事实所需要的多样环境。例如,企业可以从时间维、地理维、顾客维等维度来观察产品的销售数据。表 2.1 是一个时间维度表。

表 2.1　一个时间维度表

编号	日期	月份	季度	年份
1	2015 年 1 月 5 日	2015 年 1 月	2015 年 1 季度	2015 年
2	2015 年 3 月 8 日	2015 年 3 月	2015 年 1 季度	2015 年
3	2015 年 10 月 1 日	2015 年 10 月	2015 年 4 季度	2015 年
4	2015 年 12 月 3 日	2015 年 12 月	2015 年 4 季度	2015 年

人们从一个维的角度观察数据,还可以根据细节程度的不同形成多个描述层次,这个描述层次称为维层次。表 2.1 的时间维就是从日期、月份、季度和年份四个不同维层次来描述时间数据的。一个维是通过一组属性来描述的。在表 2.1 中,对应的维属性是日期、月份、季度和年份。维的一个取值称为该维的一个维成员。如果一个维是多层次的,那么该维的维成员是由各个不同维层次的取值组合而成的。

考虑时间维的日期、月份、年份这三个层次,分别在日期、月份、年份上各取一个值结合起来,就得到了时间维的一个维成员,即"某年某月某日"。另外,一个维成员不一定在每个维层次上都要取值。在表 2.1 的时间维中,年份层次上的维成员为{2015 年},季度层次上的维成员为{2015 年 1 季度,2015 年 4 季度}。

(4)确定事实

度量(Measure)是多维数据集中的信息单元,即多维空间中的一个单元,用来存放数据,也称为事实(Fact),是构成事实表的记录。事实和业务用户密切相关,因为用户正是通过对事实表的访问来获取数据仓库中的存储数据的。这些存储数据通常是数值型数据且具有可加性。事实具有以下特点:

①事实是决策者关心的具有实际意义的数值,例如,销售量、库存量、银行贷款金额等。

②事实所在的表称为事实表,事实表中存放的事实数据通常包含海量数据。

③事实表的主要特点是包含数值数据(事实),而这些数值数据可以经统计汇总,从而为有关企业提供业务运作的历史数据。

④事实是多维数据分析的核心,是最终用户浏览多维数据集时重点查看的数值型数据。

2.2.2.2　多维模型类型

多维模型按数据组织类型不同可分为星形模型、雪花模型、星座模型。三种类型均以事实表为中心,它们的不同之处在于围绕事实表的维度表之间的关系。

(1)星形模型

星形模型由维度表和事实表组成,以事实表为中心,所有维度表直接关联在事实表上,表的分布呈现星形结构。事实表中有海量行(元组),而维度表中有较少的行。星形模型通过主关键字和外关键字把维度表和事实表联系在一起。一个星形模型实例如图 2.2 所示。

星形结构与规范化的关系数据库设计相比较,有一些显著的优点:星形模型是非规范化的,维度表保存该维度所有层次的信息,维度表直接与事实表相连,减少了查询时数据关联的次数。星形结构以增加存储空间为代价,提高了多维数据的查询速度。而规范化的关系数据库设计是使数据保持最少冗余,并减少当数据改变时系统必须执行的动作数量。星形模型也有缺点:维度表间数据共用性差。这限制了事实表中关联维度表的数量。当业务规则或管理模式发生变化,原来的维不能满足要求时,需要增加新的维。由于事实表的主键由所有的维度表的主键组成,因此这种维的变化带来的数据变化将是非常复杂、耗时的。另外,星形模型的数据冗余量很大。

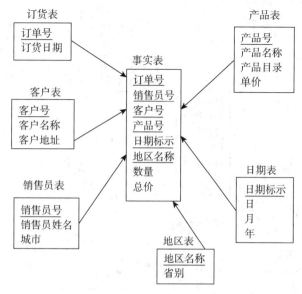

图 2.2　星形模型实例

（2）雪花模型

雪花模型基于星形模型，是星形模型按照关系数据库规范化理论对维度表进行分解的结果。星形模型可以理解为一个事实表关联多个维度表，雪花模型可以理解为一个事实表关联多个维度表，维度表再关联维度表。

雪花模型与星形模型相比，要进行更多的关联操作，增加了查询的复杂性。但这种方式可以使系统更进一步专业化和实用化，同时降低了系统的通用程度。雪花模型消除了数据冗余，同时增加了更多对事实进行细节描述的信息，提高了查询分析的灵活性。当派生维或者实体属性较多时，雪花模型更为合适。

在雪花模型中能够通过定义多重父类维来描述某些特殊的维度表。例如，在时间维上增加了月维和年维，通过查看与时间有关的父类维，能够定义特殊的时间统计信息，如销售月统计、销售年统计等。

在图 2.2 所示的星形模型的数据中，对"产品表""日期表""地区表"进行扩展形成的雪花模型实例如图 2.3 所示。使用这个雪花模型，数据仓库既能够满足用户对复杂的数据仓库查询的需求，又能够完成一些简单查询功能而不用访问过多的数据。

（3）星座模型

星座模型由多个星形模型组成，其特点是多个事实表共享维度表。

大多数数据仓库系统使用星座模型，因为很多数据仓库具有多个事实表。星座模型只反映是否有多个事实表，以及它们之间是否共享一些维度表。

构造星座模型有两种情况：一是增加汇总事实表和衍生的维度表形成星座模型；二是构造相关的事实表形成星座模型。

例如，电话公司需要建立两个事实表：一个事实表跟踪单独的电话事务，它能回答"节假日电话收益与工作日电话收益的对比情况"等类似问题；另一个事实表累计用户电话支出情况，它能回答"某个用户在某段时间内的电话余额"等类似问题。该公司星座模型实例如图 2.4 所示。

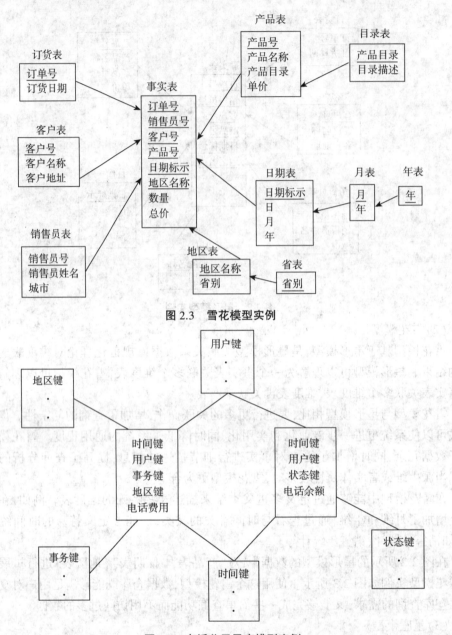

图 2.3　雪花模型实例

图 2.4　电话公司星座模型实例

◢◢◢2.2.3　关系模型与多维模型的区别

关系模型和多维模型作为数据仓库设计的基础,两者之间存在很多不同。

关系模型是基于企业数据设计的。模型中存储的是抽象级数据形式,支持数据的非直接存取。也就是说,数据仓库用户访问的不是关系模型本身的数据,而是由关系模型转化而来的数据。多维模型是根据最终用户明确处理需求形成的,它支持对数据的直接存取。

关系模型的处理是抽象的,它可以支持很多用户的需求;而多维模型的处理不是抽象的,它只能支持特定的需求,只对一组用户做最优化的数据访问。

关系模型具有高灵活性,但同时由于需要全面了解公司业务、数据和关系,它的开发周期一般比较长,维护成本高,会产生大量的表,查询难度大。相对于规范化的关系模型,多维模型更容易理解且更加直观,有较好的大规模复杂查询响应性能,但是灵活性不好。

关系模型数据以细粒度级存储,冗余度低,可以无限制地添加新数据,它适合企业模型。多维模型基于请求建立,冗余度高,适用于小范围(如一个部门或子部门数据)。

这两种数据仓库模型往往是共存的,底层用关系模型比较合适,技术的精湛换来了数据的精简;上层通常用维度模型,通过数据的冗余增强了可用性,实现优势互补。

2.3 数据抽取、转换和装载

数据仓库的数据来源于多个异构数据源。这些数据源可能在不同的硬件平台上,位于不同的操作系统中,数据还可能以不同的格式存放在数据库中。

数据仓库需要将这些来自多个异构数据源的数据进行集成,转储到数据仓库中。一般来说,需要经过抽取(Extract)、转换(Transformation)、装载(Load)三个过程,即 ETL 过程。

2.3.1 数据抽取

抽取是将数据集成到数据仓库处理过程的第一步。从不同的网络、不同的操作平台、不同的数据库及数据格式、不同的应用中抽取相关数据,以建设数据仓库。数据抽取工作包括以下内容:

(1)确认数据源

确认数据源是指检查和确定数据源是否可以提供数据仓库需要的数据。该项工作的具体内容如下:

①列出事实表的每个数据项和事实。

②列出每个维的属性。

③对于每个目标数据项,找出源数据项。

④数据仓库中一个数据元素有多个来源,选择最好的来源。

⑤确认一个目标字段的多个源字段,建立合并规则。

⑥确认多个目标字段的一个源字段,建立分离规则。

⑦确定默认值。

⑧检查缺失值的源数据。

(2)数据抽取技术

进行数据抽取时要考虑两种不同的情况:

①当前值

源系统中存储的数据都代表了当前时刻的值。当进行商业交易时,这些数据是会发生变化的。

②周期性的状态

这类数据存储的是每次发生变化时的状态。该类型数据变化的历史存储在源系统中,会在数据库中保存多条记录。例如,对于每一保险索赔,都要经过索赔开始、确认、评估和解决等步骤,都要考虑有时间说明。

在建立数据仓库时,必须将从某一特定时间开始的最初数据迁移到数据仓库中,以使数据仓库开始运转,这是数据装载。在初始装载之后,数据仓库必须保持更新,使变化的历史和状态可以在数据仓库中反映出来。

在大多数情况下,数据源系统与数据仓库往往处于不同的数据服务器中,两者相互独立。对抽取方法的选择高度依赖于源系统和目标数据仓库环境的业务需要。

下面主要从逻辑抽取和物理抽取两个方面介绍数据抽取方法:

①逻辑抽取

a.全量抽取

全量抽取一般是在某个给定时刻捕获的数据,它代表了相关源数据在某个时刻的快照。在数据仓库初始装载时进行的是全量抽取。

b.增量抽取

严格来说,增量抽取并不是抽取增加的数据,而是对最后一次捕获数据的修正。它分为立即型数据抽取和延缓型数据抽取。

在立即型数据抽取中,数据抽取是实时的,当交易发生时数据抽取就会在源数据库中发生。它的典型方法是通过读取交易日志,抽取所有相关交易记录。一般利用复制技术从交易日志中捕获变化数据,将其从日志文件传输到目标文件中,并检验数据变化的传输情况,确保复制的成功。

延缓型数据抽取的典型方法是通过读取源记录中包括日期和时间的标记,抽取更新源记录的数据。如果是没有时间标记的旧数据源,则要通过快照对比技术,即通过比较源数据的两个快照来抽取变化的数据。

②物理抽取

a.联机抽取

联机抽取是指直接从源系统中抽取数据。抽取进程通过直接连接源系统数据库来访问数据表,或者连接到一个存储快照日志或变更记录表的中间层系统。

b.脱机抽取

脱机抽取是指从源系统以外的过渡区,而非源系统抽取数据。过渡区可能已经存在,如数据库备份文件、关系数据库的归档日志等,或者由抽取程序生成。

2.3.2 数据转换

数据转换是将抽取的数据通过设计转换规则,实施过滤、合并、解码和翻译等操作,转换成数据仓库可用的数据,以此来支持决策分析。

2.3.2.1 数据转换的基本功能

（1）选择

从源系统中选择整个记录或者部分记录。

（2）分离/合并

对源系统中记录的数据进行分离操作或者对很多源系统中选择的部分数据进行合并操作。

（3）转化

对字段的转化包括对源系统进行标准化，使字段对用户是可用的和可理解的。

（4）汇总

数据仓库中需要保存很多汇总数据。这需要对最低粒度数据进行汇总。例如，零售连锁店需要将每台收款机的每笔交易的销售数据汇总为每天每个商店关于每种商品的销售数据。

（5）清晰化

清晰化是对单个字段数据进行重新分配和简化的过程，使数据仓库的使用更便利。

2.3.2.2 数据转换的类型

（1）格式修正

格式修正包括数据类型和单个字段长度的变化。例如，在源系统中，产品类型在数值类型和文本类型中用代码和名称表示。不同的源系统有所不同，对这些数据类型进行标准化，使其成为更有意义的文本值。

（2）字段解码

字段解码对所有晦涩的编码进行解码（Decoding），将它们变成用户可以理解的值。例如，将地区编码转换为地区名称。

（3）计算值和导出值

在数据仓库中，有时需要综合考虑销售和成本来计算出利润值。导出字段包括平均每天的收支差额和相关比例。

（4）单个字段的分离

在旧系统中将客户名称、地址存放在大型文本字段中；姓和名存放在一个字段中；城市、地区和邮政编码存放在一个字段中。而在数据仓库中需要将姓名和地址存放在不同的字段中，为不同要求的分析工作提供便利。

（5）信息的合并

例如，一个产品的信息可以从不同的数据源中获得：产品编码和产品名从一个数据源得到，相关包装类型从另一个数据源得到，产品成本数据从其他数据源得到。信息的合并是产品编码、产品名、相关包装类型和产品成本的有机组合，使产品成为一个新实体。

（6）特征集合的转化

例如，在源系统中数据采用 EBCDIC 码，而在数据仓库中数据采用 ASCII 码，这就需要进行代码特征集合的转化。

（7）度量单位的转化

数据应具有相同的标准度量单位。不少国家有自己的度量单位，需要在数据仓库中采用标准度量单位。

（8）日期/时间转化

日期和时间的表示应该转化成国际标准格式。例如，2022 年 11 月 21 日在美国表示为 11/21/2022，而在英国表示为 21/11/2022，标准格式为 21NOV2022。

（9）汇总

这种类型的转换是创建数据仓库的汇总数据。汇总数据适用于战略性的查询。

（10）关键字重新构造

在源系统中关键字可能包含很多项的内容，如产品编码包括仓库代码、销售区域等多项内容。在数据仓库中，关键字要发生变化，转换成适用于事实表和维度表的普通键值。

2.3.2.3　数据整合和合并

数据仓库的数据是从很多不同的、分散的源系统中集成起来的。各源系统采用不同的命名方式和不同的数据标准，数据整合和合并是将相关的源数据组合成一致的数据结构，装入数据仓库。其具体表现如下：

（1）实体识别问题

例如，一个数据仓库的数据来源于三个不同的客户系统：订单登记系统、客户服务系统、市场系统。这三个系统中对相同客户可能有不同的主关键字。

在数据仓库中，需要为每个客户建立一个记录，这就必须从三个源系统中得到同一客户的数据，将它们组合成一条单独的记录。这是客户实体识别问题。

进行数据转换时，需要让用户参与这个过程，帮助对实体的识别，并设计算法，将三个系统中得到的记录进行匹配，建立统一的记录集合。

（2）多数据源相同属性不同值的问题

例如，假设产品的单位成本可能从两个系统中得到，在特定的时间间隔内对成本值进行计算和刷新，由于两个系统中得到的成本存在一些差别，数据仓库应该从哪个系统中取得成本呢？

有以下三种方法：

①分别给这两个系统不同的优先权，取高优先权的成本数据。

②根据最新的刷新日期来选择其中一个源系统的成本数据。

③根据其他相关字段来选择合适的源系统的成本数据。

2.3.2.4　数据转换的方式

完成数据转换工作一般采用两种方式：自己编写程序和使用转换工具。

（1）自己编写程序

明确了数据转换的类型及数据整合和合并的内容以后，一般具有编程能力的程序员和分析师都可以编写数据转换程序。这种方式会带来复杂的编程和测试。

（2）使用转换工具

使用转换工具会提高转换效率和准确性。当确定数据转换参数和规则时，将它作为元数据存储在工具中，工具就能按元数据的说明有效地完成数据转换工作。这是使用数据转换工具的主要优点。

2.3.3 数据装载

填充企业数据仓库的最后一步是将所选择的数据装载到目标数据仓库中，并建立所需要的索引，将有质量保证的维度表提供给数据中心的大型加载设备。目标数据中心必须对传送的数据进行索引以提供更好的查询性能。数据中心经过数据装载、索引建立、适当的集成处理和进一步的质量维护等操作，发布新数据并告知用户群体。这通常需要跨网络，甚至跨操作平台进行加载。

2.3.3.1 数据装载的类型

数据装载类型包括三种：初始装载、增量装载和完全刷新。

（1）初始装载

这是第一次对整个数据仓库进行装载。在装载工作完成以后，建立索引。

（2）增量装载

增量装载是一种只将源数据中的数据改变写进数据仓库的方法。为了支持数据仓库的周期性，便于历史分析，新记录通常被写进数据仓库中，但不覆盖或删除以前的记录，而是通过时间戳来分辨它们。

（3）完全刷新

目标数据起初被写进数据仓库，然后每隔一定的时间，数据仓库被重写，替换以前的内容。也就是说，采用定期的间隔对目标数据进行批量重写。这种类型的数据装载用于周期性重写数据仓库，有时也可能对一些特定的表进行刷新。

完全刷新与初始装载比较相似，但在完全刷新前，目标表中已经存在数据。

增量装载通常用于目标数据仓库的维护。完全刷新通常在数据仓库首次创建时用于填充数据仓库。增量装载通常与增量数据获取相结合，而完全刷新通常与静态数据获取相结合。

2.3.3.2 数据装载的方式

准备好数据之后，有四种方式可以把数据应用到数据仓库：

（1）装载

按照装载的目标表，将转换过的数据输入目标表中。若目标表中已有数据，装载时会先清除这些数据，再装入新数据。目标表可以是事实表或维度表。

（2）追加

如果目标表中已经存在数据，追加过程在保存已有数据的基础上增加输入数据。当一条输入数据记录与已经存在的记录重复时，输入记录可以作为副本增加进去，或者丢弃新输入数据。

（3）破坏性合并

当输入数据记录的主键与一条已经存在的记录的键匹配时,用新输入数据更新目标记录数据。如果输入记录是一条新记录,没有任何与之匹配的现存记录,那么就将这条输入记录添加到目标表中。

（4）建设性合并

当输入数据记录的主键与已有记录的键匹配时,保留已有的记录,增加输入的记录,并标记为旧记录的替代。

由于 ETL 过程要处理大量的数据,所以需要较长的处理时间。为了解决处理效率的问题,ETL 过程通常是并行的。当进行数据抽取时,转换进程在同时处理已经收到的数据,一旦数据被转换完成,装载进程就会将这些数据送入目标数据仓库中,而不会采用串行的方式。

2.4 元数据

2.4.1 元数据的含义

元数据(Metadata)是关于数据的数据,是数据仓库环境的一个重要组成部分。通俗来说,元数据指的是在数据仓库环境中除数据本身以外的所有信息。元数据与指向数据仓库内容的索引相似,处于数据仓库的上层,记录数据仓库中对象的位置。若把一部电视剧看作数据,那么你在电视剧里获取的信息,比如角色名、剧情、主题曲、感情线、导演、演员等,这些都可以被看作这部电视剧的元数据。

在传统数据库中,元数据的作用相当于数据字典。由于数据仓库与数据库有很大的区别,元数据在数据仓库中扮演着重要的角色。仓库管理人员和开发人员根据元数据可以轻易找到他们所关心的数据,从而提高工作效率,否则就需要花费大量的时间在数据仓库中进行寻找。数据仓库服务器利用元数据来存储和更新数据,用户通过元数据来了解和访问数据。此外,元数据还涉及从操作型环境到数据仓库环境的映射。从操作型环境中抽取数据时,会涉及 ETL 过程,元数据要能及时跟踪这些转变,以供数据分析员使用。

2.4.2 元数据的类型

元数据按照用途可分为两类:技术元数据(Technical Metadata)和业务元数据(Business Metadata)。这是元数据最常见的分类方法。

（1）技术元数据

技术元数据主要为负责开发、维护数据仓库的人员所使用。技术元数据是描述关于数据仓库系统技术细节的数据,是用于开发、管理和维护数据仓库使用的数据,保证

数据仓库系统的正常运行,它主要包括以下信息:

①数据仓库结构的描述,包括仓库模式、视图、维、层次结构和导出数据的定义,以及数据集市的位置和内容。

②业务系统、数据仓库和数据集市的体系结构和模式。

③汇总用的算法(包括度量和维定义算法),数据粒度、主题领域、聚集、汇总、预定义的查询与报告。

④由操作型环境到数据仓库环境的映射,包括源数据和它们的内容、数据分割、数据提取、清理、转换规则和数据刷新规则、安全(用户授权和存取控制)。

(2)业务元数据

业务元数据从业务角度出发描述了数据仓库中的数据,提供介于用户和实际系统之间的语义层,使得业务人员也能够"读懂"数据仓库中的数据。业务元数据是从最终用户的角度来描述数据仓库的。通过业务元数据,用户可以了解以下内容:

①应该如何连接数据仓库。

②使用者的业务术语所表达的数据模型、属性名等。

③可以访问数据仓库的哪些部分。

④访问数据的原则和所需数据来自哪个源系统。

习题 2

1.简述数据仓库的体系结构。

2.简述数据集市与数据仓库的主要区别。

3.建立数据仓库多维模型的主要工作是什么?

4.简述维和数据粒度的概念。

5.事实具有哪些特点?

6.简述关系模型与多维模型的区别以及它们的优缺点。

7.在数据仓库系统中,如何选择数据仓库模型?

8.简述星形模型、雪花模型和星座模型各有什么特点。

9.简述如何从星形模型产生雪花模型。

10.什么是数据仓库的数据 ETL 过程?

11.简述数据抽取技术。

12.简述进行数据装载的方法。

13.在 ETL 进程中,通常采用怎样的运行方式?

14.什么是元数据?元数据在数据仓库中有什么作用?

3 数据特征与预处理 ▪▪▪▪

3.1 ▏数据对象与类别

数据对象,又称样本、实例、数据点或对象,代表实体。多个数据对象组成数据集。例如,在外卖数据库中,对象可以是顾客、外卖员或商家;在医疗数据库中,对象可以是患者、医生或医院;在大学数据库中,对象可以是学生、老师或课程。通常,数据对象用属性描述。如果数据对象存放在关系数据库中,则它们是数据元组。也就是说,数据库的行对应数据对象,而列对应属性。属性的类型由该属性可能具有的值的集合决定。数据对象的属性值可以是定类的、定序的、定距的或定比的。

▪ 3.1.1 定类数据

定类(Norminal)就是给数据对象定义一个类别,将所研究的数据对象区分开。定类数据是一些符号或事物的名称,代表类别、编码或状态。定类数据不具备有意义的顺序,并且无法进行定量计算,对其进行加、减、乘、除或求平均值,没有实际意义。

例如,以人为数据对象,则婚姻状况是描述人的属性的定类数据,它可以取单身、已婚(有配偶)、离婚、丧偶四个值之一。同样,头发颜色也是对人的属性进行描述的定类数据,它可能的取值有红色、黑色、褐色、黄色等。在实际生活中,还有许多定类数据的例子,例如职业属性可能的取值有医生、律师、程序员、工程师等。

除了用符号和事物名称表示定类数据外,还可以用数字和字母表示。这种属性值没有实际意义。例如,对于性别属性,可以指定代码 1 表示女,0 表示男;也可以用 x 表示女,y 表示男。对于颜色属性,可以指定 1 表示黑色,2 表示红色,3 表示褐色;也可以用 a 表示黑色,b 表示红色,c 表示褐色。这些值也被看作枚举类型(Enumeration)。定类数据可以定义自己的众数,这是一种中心趋势的度量。

▪ 3.1.2 定序数据

定序(Ordinal)数据不仅能代表事物的分类,还能代表事物按某种特性的排序。它所有的可能的取值之间具备有意义的顺序,但各个定序变量的值之间的差值是未知的,无法进行定量计算。

例如,学位是定序数据,因为学位是可以从低到高进行排列的,即其他<学士<硕士<

博士,但硕士和学士之间的差值是无法计算的,且类似"博士-硕士"这种减法是没有意义的。教师职称也是定序数据,例如助教<讲师<副教授<教授。定序数据的取值可以使用数字或字母表示,例如既可以用 1、2、3、4 来分别表示其他、学士、硕士、博士的取值,也可以用 a、b、c、d 来分别表示。

定序数据常用于记录不能客观度量的主观质量评估工作,也就是等级评定调查。例如,在评定工作中,教师需要对学生的综合素质进行评价。综合素质测评有以下序数类别:A 为优秀,B 为良好,C 为一般,D 为较差。

定序数据的中心趋势度量可以用众数和中位数表示,但不能定义均值。

3.1.3 定距数据

定距(Interval)数据表示具有间距特征的变量,有单位,有顺序关系,没有绝对零点。数据的差值有意义,但比例没有意义,因此可以进行加减运算,不能进行乘除运算,可以计算差值、中位数、众数、平均数。

摄氏温度和华氏温度都没有真正的零点,即 0 ℃ 和 0 ℉ 都不表示"没有温度"。尽管我们可以计算两个温度值之间的差值,但我们不能说一个温度值是另一个温度值的倍数。例如,我们不可以说 25 ℃ 比 5 ℃ 温暖 5 倍。也就是说,我们不可以用比例来测量定距数据,但定距数据是数值型数据,有大小顺序关系,除了可以计算差值、中位数、众数之外,还可以计算其均值。

假设我们将病人体温当作一个变量,并且已经收集了 2 天的早、中、晚体温数值。若把这些值按从大到小进行排序,则得到变量在 2 天中体温值的大小顺序为 39.1 ℃、38.8 ℃、38.5 ℃、38.3 ℃、38 ℃、37.5 ℃。我们还可以量化不同值之间的差值,例如 18 ℃ 比 10 ℃ 高了 8 ℃。日期也是定距数据的例子,如 2022 年与 2019 年相差 3 年。

3.1.4 定比数据

定比(Ratio)数据有绝对零点(0 代表无),有顺序,可以比大小,数据差值和比例都有意义,可以进行四则运算,除了能计算平均数、中位数和众数,还可以说一个数是另一个数的倍数(比例)。

与摄氏温度和华氏温度不同,开氏温标(K)具有绝对零点,其物理学意义是,构成物质的粒子在开氏 0 度时具有零动能。因此我们说温度值开氏 20 度是开氏 5 度的 4 倍是有意义的。例如 A 的体重是 60 kg,B 的体重是 30 kg,可以算出 A 的体重是 B 的体重的 2 倍,因为其零点是绝对的。

在实际生活中,有许多定比数据的例子,比如,职工养老金的缴费年限、物体的重量、房屋的高度、高铁的速度和货币量等。

3.2 数据特征的统计描述

把握数据的全貌至关重要。本节我们从集中趋势、离散程度及分布特点三个方面对数据集的特征进行描述。集中趋势度量数据分布的中部或中心位置,也就是说,给定一个属性,它的值大部分落在何处。离散程度用于评估数值数据散布或发散的程度。数据分布特点让我们能直观地看到数据分布的情况。

3.2.1 集中趋势

集中趋势是指一组数据向其中心值靠拢的倾向和程度,测度集中趋势就是寻找数据的代表值或中心值。不同类型的数据用不同的集中趋势测度值,低层次数据(定类数据和定序数据)的测度值适用于高层次的测量数据(定距数据和定比数据),但高层次数据的测度值并不适用于低层次的测量数据。集中趋势只使用位置平均数和数值平均数来测定。

3.2.1.1 位置平均数

位置平均数就是根据总体数据中处于特殊位置上的标志值来确定的代表值,具有非常直观的代表性,常用来反映分布的集中趋势,主要包括众数和中位数。

(1)众数

众数表示出现次数最多的变量值。众数不受极端值的影响,一组数据可能不存在众数,也可能存在多个众数,如图3.1所示,一般只有数据量较大时才有意义。虽然它不受极端值影响,但不稳定,受分组和样本变动的影响较大。众数主要用于分类数据,也可用于顺序数据和数值型数据。

无众数数据: 3 4 7 9 6 12
一个众数数据: 6 7 9 8 7 7
多个众数数据: 25 28 28 5 42 42

图 3.1 众数

(2)中位数

中位数表示按顺序排列后处于中间位置上的值。也就是说,在这组数据中,有一半的数据比它大,有一半的数据比它小。中位数计算简单,不受极端值影响。由于中位数受制于全体数据,反应不够灵敏,不能做进一步的代数运算。设一组数据为:$x_1, x_2, \cdots, x_n$,将它按从小到大的顺序排列为:$X_1, X_2, \cdots, X_n$。当 n 为奇数时,中位数为 $X_{(n+1)/2}$;当 n 为偶数时,中位数为 $\dfrac{X_{n/2} + X_{(n/2)+1}}{2}$。

3.2.1.2 数值平均数

从总体各组变量值中抽象出具有一般水平的值,这个值不是各组数据中具体的变量值,但又要反映总体各组数据的一般水平,这种平均数称为数值平均数。数值平均数是一组数据的均衡点,体现了数据的必然性特征。它用于数值型数据,不能用于分类数据和顺序数据,主要包括算数平均数和几何平均数。

(1)算数平均数

算数平均数又称均值,分为简单算数平均数和加权算数平均数。

设一组数据为:$x_1, x_2, \cdots, x_n$,数据的组中值为:$M_1, M_2, \cdots, M_k, M_1$ 出现 f_1 次,M_2 出现 f_2 次,$\cdots, M_k$ 出现 f_k 次,$f_1, f_2, \cdots, f_k$ 就是 $M_1, M_2, \cdots, M_k$ 的权。计算公式如下所示:

简单算数平均数

$$\bar{x} = \frac{x_1 + x_2 + \cdots + x_n}{n} = \frac{\sum\limits_{i=1}^{n} x_i}{n} \tag{3.1}$$

加权算数平均数

$$\bar{x} = \frac{M_1 f_1 + M_2 f_2 + \cdots + M_k f_k}{f_1 + f_2 + \cdots + f_k} = \frac{\sum\limits_{i=1}^{k} M_i f_i}{n} \tag{3.2}$$

简单算数平均数是加权算数平均数的一种特殊情况,当各值的权相等时,加权算数平均数就是简单算数平均数。

均值具有以下两点性质:

①各变量值与均值的离差之和等于零,即

$$\sum_{i=1}^{n} (x_i - \bar{x}) = 0$$

②各变量值与均值的离差平方和最小,即

$$\sum_{i=1}^{n} (x_i - \bar{x})^2 = \min$$

(2)几何平均数

几何平均数也是均值的一种表现形式。几何平均数是 n 个变量值乘积的 n 次方根,适用于对定比数据的平均,主要用于计算平均增长率,其计算公式为

$$G_m = \sqrt[n]{x_1 \times x_2 \times \cdots \times x_n} = \sqrt[n]{\prod_{i=1}^{n} x_i} \tag{3.3}$$

几何平均数可看作算数平均数的一种变形,即

$$\lg G_m = \frac{1}{n}(\lg x_1 + \lg x_2 + \cdots + \lg x_n) = \frac{\sum\limits_{i=1}^{n} \lg x_i}{n} \tag{3.4}$$

作为集中趋势的测度,众数不受极端值影响,具有不唯一性,在数据分布偏斜程度较大时适用。中位数不受极端值影响,在数据分布偏斜程度较大时适用。均值易受极端值影响,数学性质优良,当数据对称分布或接近对称分布时应用。

3.2.2 离散程度

离散程度(Measures of Dispersion)反映观测变量各个取值之间的差异。离散程度越

大,集中趋势的值对该组数据的代表性越差。离散程度的测度包括:适用于定类数据的异众比率,适用于定序数据的四分位差,适用于定距数据和定比数据的方差和标准差,适用于相对位置测量的标准分数,适用于衡量相对离散程度的离散系数以及极差和平均差等。

3.2.2.1 异众比率

异众比率是对定类数据离散程度的测度,用于衡量众数的代表性,是非众数组的频数占总频数的比例,计算公式为

$$v_r = \frac{\sum f_i - f_m}{\sum f_i} = 1 - \frac{f_m}{\sum f_i} \tag{3.5}$$

3.2.2.2 四分位差

四分位差又称为四分间距,是上四分位数(Q_3,即位于 75%)与下四分位数(Q_1,即位于 25%)的差:$Q = Q_3 - Q_1$。四分位数是将一组数据由小到大排序后,用三个点将全部数据分为四等份,三个点相对位置上的数值称为四分位数,分别记为 Q_1、Q_2、Q_3。Q_1(第一分位数)说明有 25% 的数据小于或等于 Q_1,Q_2(第二分位数,即中位数)说明数据中有 50% 的数据小于或等于 Q_2,Q_3(第三分位数)说明数据中有 75% 的数据小于或等于 Q_3。四分位差反映了中间 50% 数据的离散程度,其数值越小,说明中间的数据越集中;其数值越大,说明中间的数据越分散。它不受极值影响,在一定程度上衡量中位数对一组数据的代表程度。

3.2.2.3 极差

极差又被称为范围误差或全距,用 R 表示,是一组数据的最大值与最小值之差,易受极端值影响,且不能反映数据的中间分布情况。极差越大,离散程度越大,反之,离散程度越小。例如在比赛中去掉最低分与最高分就是极差在生活中的具体应用。

3.2.2.4 平均差

平均差是各变量值与其均值的离差绝对值的平均数。平均差越大,表明各变量值与其均值的差异程度越大,该均值的代表性就越小;平均差越小,表明各变量值与其均值的差异程度越小,该均值的代表性就越大。对于未分组数据,其计算公式为

$$M_d = \frac{\sum_{i=1}^{n} |x_i - \bar{x}|}{n} \tag{3.6}$$

对于分组数据,其计算公式为

$$M_d = \frac{\sum_{i=1}^{k} |M_i - \bar{x}| f_i}{n} \tag{3.7}$$

平均差能全面反映一组数据的离散程度,但数学性质较差,实际中应用较少。

3.2.2.5 方差和标准差

方差和标准差是数据离散程度的最常用测度值,反映了各变量值与均值的平均差异:根据总体数据计算的,称为总体方差或标准差;根据样本数据计算的,称为样本方差或标准差。

未分组数据的方差和标准差的计算公式分别为

$$s^2 = \frac{\sum_{i=1}^{n} (x_i - \bar{x})^2}{n-1} \tag{3.8}$$

$$s = \sqrt{\frac{\sum_{i=1}^{n} (x_i - \bar{x})^2}{n-1}} \tag{3.9}$$

分组数据的方差和标准差的计算公式分别为

$$s^2 = \frac{\sum_{i=1}^{k} (M_i - \bar{x})^2 f_i}{n-1} \tag{3.10}$$

$$s = \sqrt{\frac{\sum_{i=1}^{k} (M_i - \bar{x})^2 f_i}{n-1}} \tag{3.11}$$

3.2.2.6 标准分数

标准分数也称标准化值,是对某一个值在一组数据中相对位置的度量,可用于判断一组数据是否有离群点,也可用于对变量的标准化处理,其计算公式为

$$z_i = \frac{x_i - \bar{x}}{s} \tag{3.12}$$

标准分数将原始数据进行了线性变换,并没有改变一个数据在该组数据中的位置,也没有改变该组数据分布的形状,而只是将该组数据变为均值为0,标准差为1。

3.2.2.7 离散系数

离散系数是标准差与其相应的均值之比,消除了数据水平高低和计量单位的影响,适用于对不同组别数据离散程度的比较,其计算公式为

$$v_s = \frac{s}{\bar{x}} \tag{3.13}$$

3.2.3 分布特点

为了全面了解数据的特征,除了了解其集中趋势和离散程度,还要观察数据分布形状的对称、倾斜、扁平程度。数据的分布形状通过偏态和峰态衡量,偏态由统计学家皮尔逊于1895年首次提出,是对数据分布偏斜程度的度量,也是统计数据分布非对称程

度的数字特征。根据原始数据和分组数据计算偏态系数的公式如下所示：

根据原始数据计算偏态系数

$$SK = \frac{n \sum_{i=1}^{n} (x_i - \bar{x})^3}{(n-1)(n-2)S^3} \tag{3.14}$$

根据分组数据计算偏态系数

$$SK = \frac{\sum_{i=1}^{k} (M_i - \bar{x})^3 f_i}{nS^3} \tag{3.15}$$

偏态系数为 0 时，数据为对称分布（正态分布）；偏态系数大于 0 时，数据为右偏分布（正偏态）；偏态系数小于 0 时，数据为左偏分布（负偏态）。数据的偏态如图 3.2 所示。

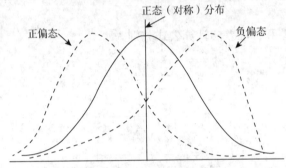

图 3.2　数据的偏态

众数、中位数和均值在不同的数据分布中的相对位置可用图 3.3 表示。

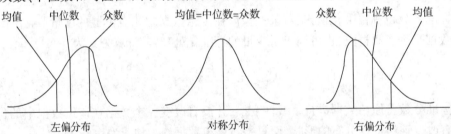

图 3.3　不同数据分布下的众数、中位数和均值

峰度通常与标准正态分布相比较。峰度又称峰态系数，是反映变量分布陡峭程度的指标，常分为三种情况，即标准正态峰度、尖顶峰度和平顶峰度。在归一化到同一方差时，若分布的形状比标准正态分布更瘦、更高，则称为尖峰分布；若分布的形状比标准正态分布更矮、更胖，则称为平峰分布。它们的相对位置如图 3.4 所示。

与标准正态分布相比，如果峰度的值近似为 0，则接近标准正态分布；如果峰度的值大于 0，则为尖峰分布；如果峰度的值小于 0，则为平峰分布。峰度的绝对值数值越大，表示其分布形态的陡缓程度与标准正态分布的差异程度越大。

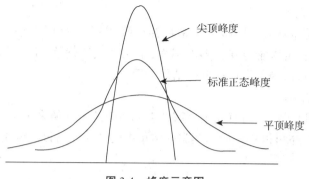

图 3.4 峰度示意图

3.3 数据预处理

在数据挖掘中,数据的质量是关键,然而现实世界中的数据大多是不完整的、含噪声的和不一致的。低质量的数据无论采用什么数据挖掘方法都不可能得到高质量的知识,这就需要进行数据预处理。数据预处理主要包括数据清洗、数据集成、数据变换和数据归约,其目的是使数据转换为可以直接使用数据挖掘工具进行挖掘的高质量数据,以便更好地支持决策分析,大大提高数据的质量,缩短实际挖掘所需的时间。

3.3.1 数据清洗

数据清洗(Data Cleaning)也称作数据清理,是数据预处理中最重要的一个步骤,其作用就是清除数据噪声,清除与挖掘主题明显无关和不一致的数据,包括填补空缺值,光滑噪声并识别孤立点,解决不一致性。数据清洗包括以下几个步骤:

(1)数据分析:从数据中发现控制数据的一般规则。通过对数据的分析,可定义出数据清洗的规则,并选择合适的清洗算法。

(2)数据检测:根据预定义的清洗规则及相关数据清洗算法,检测数据是否正确。

(3)数据修正:人工或自动地修正检测到的错误数据,处理重复的记录。

3.3.1.1 空值处理

如果原始数据中一些有用的属性由于某种原因没有被登记或输入而成为空值,那么必须在数据预处理中对这些空值进行处理。常用的空值处理方法有以下几种:

(1)人工填补

这种方法的优点是能够得到比较真实的数据,但通常人力耗费很大,且速度较慢。因此,人工填补只适合数据记录少且空值不多的数据集。

(2)忽略元组

当一个元组中有许多属性为空值,尤其关键属性为空值时,即使采用某种方法填补了空值,该记录也很难反映实体的真实情况,这样的数据可信度差,因此应忽略这样的元组。

（3）使用默认值

例如使用固定常数 Unknown 或 * 来填补空值，以表示该属性是未知的。这种方法的优点是简单易行，但对于空缺较多的属性，都用默认值代替，不仅可能导致统计分析没有实际意义，还可能导致数据挖掘的结果无用。

（4）使用平均值

对于连续属性，可以用所有元组该属性上非空值的平均值来填补空值（如用平均分填补空缺的成绩），也可以用该元组同类样本集中的其他元组该属性上非空值的平均值来填补空值。

（5）使用预测值

根据数据集中有完整数据的元组，使用一定预测方法，计算得到最可能的取值填补空值，可以用回归、贝叶斯形式化方法的基于推理的工具或决策树归纳确定。这是目前数据预处理工作中最常用的方法，适用于数据元组很多且属性空值较多的数据集。

（6）忽略属性

当原始数据某个属性值缺失严重，该属性就失去了统计分析的意义。因此，可不将该属性作为数据仓库或数据挖掘对象集的属性。

3.3.1.2　噪声数据处理

噪声是指一个测量变量中的随机错误或偏差。去除噪声，使数据接近真实值的技术称为数据平滑处理。通常采用分箱、聚类、回归等数据平滑方法来消除噪声数据。

（1）分箱

一个实数区间称为一个箱子（Bin），它通常是连续型数据集中最小值和最大值所包含的子区间。若一个实数属于某个子区间，则称把该实数放进了这个子区间所代表的箱子中。把数据集中的所有数据放入不同箱子的过程称为分箱。

分箱技术是连续性数值的离散化方法。通常把待处理数据集按照一定规则放进若干箱子中，分别考察每个箱子中的数据分布情况，然后采取某种方法对该箱子中的数据进行单独处理并重新赋值。

对数据集采用分箱技术，一般需要三个步骤：一是对数据集进行排序；二是确定箱子个数 k，选定分箱方法并对数据集中的数据进行分箱；三是选定处理箱子数据的方法，并对其进行重新赋值。

常用的分箱方法有等深分箱法、等宽分箱法、用户自定义区间分箱法和最小熵分箱法。

假设箱子个数为 k，数据集共有 $n(n \geq k)$ 个数据且按非减方式排序为 $a_1, a_2, \cdots, a_n$，即 $a_i \in [a_1, a_n]$。

①等深分箱法

它把数据集中的数据按照排列顺序分配到 k 个箱子中。

A.当 k 整除 n 时，令 $p=n/k$，则每个箱子都有 p 个数据，即

第 1 个箱子的数据为：$a_1, a_2, \cdots, a_p$；

第 2 个箱子的数据为：$a_{p+1}, a_{p+2}, \cdots, a_{2p}$；

$\vdots$

第 k 个箱子的数据为：$a_{n-p+1}, a_{n-p+2}, \cdots, a_n$。

B.当 k 不能整除 n 时，令 $p = \lfloor n/k \rfloor$，$q = n - k \times p$，则可让前面 q 个箱子有 $(p+1)$ 个数据，后面 $(k-q)$ 个箱子有 p 个数据，即

第 1 个箱子的数据为：$a_1, a_2, \cdots, a_{p+1}$；

第 2 个箱子的数据为：$a_{p+2}, a_{p+3}, \cdots, a_{2p+2}$；

⋮

第 k 个箱子的数据为：$a_{n-p+1}, a_{n-p+2}, \cdots, a_n$。

当然，也可让前面 $(k-q)$ 个箱子有 p 个数据，后面 q 个箱子有 $(p+1)$ 个数据，或者随机选择 q 个箱子放 $(p+1)$ 个数据。

例 3.1　设数据集 $N = \{1,2,3,3,4,4,5,6,6,7,7,8,9,11\}$ 共 14 个数据，请用等深分箱法将其分放在 $k = 4$ 个箱子中。

解：因为 $k = 4$，$n = 14$，所以 $p = \lfloor n/k \rfloor = \lfloor 14/4 \rfloor = 3$，$q = 14 - 3 \times 4 = 2$。因此前面 2 个箱子放 4 个数据，最后 2 个箱子放 3 个数据。注意到数据集 N 已经排序，因此 4 个箱子的数据分别是

$$B_1 = \{1,2,3,3\},\ B_2 = \{4,4,5,6\},\ B_3 = \{6,7,7\},\ B_4 = \{8,9,11\}$$

②等宽分箱法

把数据集最小值和最大值形成的区间分成 k 个长度相等、左闭右开的子区间（最后一个除外）$I_1, I_2, \cdots, I_k$。若 $a_i \in I_j$，则把数据 a_i 放入第 j 个箱子中。

例 3.2　设数据集 $N = \{1,2,3,3,4,4,5,6,6,7,7,8,9,11\}$ 共 14 个数据，请用等宽分箱法将其分放在 $k = 4$ 个箱子中。

解：因为数据集最小值和最大值形成的区间为 $[1,11]$，而 $k = 4$，所以子区间的平均长度为 $(11 - 1)/4 = 2.5$，可得 4 个区间 $I_1 = [1,3.5)$，$I_2 = [3.5,6)$，$I_3 = [6,8.5)$，$I_4 = [8.5,11]$。

所以，按照等宽分箱法

$$B_1 = \{1,2,3,3\},\ B_2 = \{4,4,5\},\ B_3 = \{6,6,7,7,8\},\ B_4 = \{9,11\}$$

③用户自定义区间分箱法

当用户明确希望观察某些区间范围内的数据分布时，可以根据实际需要自定义区间，方便帮助用户达到预期目的。

例 3.3　设数据集 $N = \{1,2,3,3,4,4,5,6,6,7,7,8,9,11\}$ 共 14 个数据，用户希望 4 个数据子区间分别为 $I_1 = [0,4)$，$I_2 = [4,6)$，$I_3 = [6,10)$，$I_4 = [10,13]$，试求出每个箱子包含的数据。

解：按照自定义区间方法，4 个箱子的数据分别是

$$B_1 = \{1,2,3,3\},\ B_2 = \{4,4,5\},\ B_3 = \{6,6,7,7,8,9\},\ B_4 = \{11\}$$

分箱的目的是对各个箱子中的数据进行处理，当完成分箱工作后，要考虑选择一种方法对数据进行平滑，使数据尽可能接近实际或用户认为合理的值。对数据进行平滑的方法主要有按平均值平滑、按边界值平滑和按中值平滑。

A.按平均值平滑

对同一个箱子中的数据求平均值，并用这个平均值替代该箱子中的所有数据。

对于例 3.3 所得 4 个箱子中的数据，其平滑情况如下：

$B_1 = \{1,2,3,3\}$ 的平滑结果为 $\{2.25,2.25,2.25,2.25\}$；

$B_2 = \{4,4,5\}$ 的平滑结果为 $\{4.33,4.33,4.33\}$；

$B_3 = \{6,6,7,7,8,9\}$ 的平滑结果为 $\{7.17,7.17,7.17,7.17,7.17,7.17\}$；

$B_4 = \{11\}$ 的平滑结果为 $\{11\}$。

B.按边界值平滑

对同一个箱子中的每一个数据,观察它和箱子两个边界值的距离,并用距离较小的那个边界值代替该数据。

对于例 3.3 所得 4 个箱子中的数据,其平滑情况如下:

$B_1 = \{1,2,3,3\}$ 的平滑结果为 $\{1,1,3,3\}$ 或 $\{1,3,3,3\}$,因为 2 到 1 和 3 的距离相同,可任选一个边界代替它,也可以规定这种情况以左端边界为准;

$B_2 = \{4,4,5\}$ 的平滑结果为 $\{4,4,5\}$；

$B_3 = \{6,6,7,7,8,9\}$ 的平滑结果为 $\{6,6,6,6,9,9\}$；

$B_4 = \{11\}$ 的平滑结果为 $\{11\}$。

C.按中值平滑

用箱子的中间值来替代箱子中的所有数据。将数据集的数据排序之后,若数据的个数是奇数,中值就是位于最中间位置的那一个;若数据的个数是偶数,中值就是位于最中间那两个数的平均值。

对于例 3.3 所得 4 个箱子中的数据,其平滑情况如下:

$B_1 = \{1,2,3,3\}$ 的平滑结果为 $\{2.5,2.5,2.5,2.5\}$；

$B_2 = \{4,4,5\}$ 的平滑结果为 $\{4,4,4\}$；

$B_3 = \{6,6,7,7,8,9\}$ 的平滑结果为 $\{7,7,7,7,7,7\}$；

$B_4 = \{11\}$ 的平滑结果为 $\{11\}$。

（2）聚类

通过聚类分析查找孤立点,去除孤立点以消除噪声。聚类算法可以得到若干数据类(簇),在所有类外的数据可视为孤立点。例如,如图 3.5 所示,虚线圆圈外有两个孤立点,可以将它们作为噪声数据加以消除。

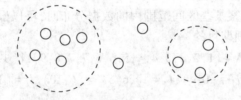

图 3.5 虚线圆圈外有两个孤立点

（3）回归

回归包括线性回归和非线性回归,用于发现两个相关变量之间的变化模式,通过使数据满足一个函数来平滑数据,即通过建立数据模型来预测下一个数据。线性回归又称简单回归,是最简单的回归形式。用直线建模,将一个变量看作另一个变量的线性函数。如 $Y=aX+b$,其中 Y 称为响应变量,X 称为预测变量,a 和 b 称为回归系数。回归系数可用最小二乘法获得,使得实际数据与建模直线之间误差最小。

例如,假设认为挖掘表中的两个属性字段 X 和 Y 之间存在线性关系 $Y=aX+b$,给定

n 组样本数据,可以用数对 (x, y) 来表示两个属性,如 $(x_1, y_1), (x_2, y_2), \cdots, (x_n, y_n)$,回归系数 a 和 b 可以用下面的公式计算出

$$b = \frac{\sum_{i=1}^{n}(x_i - \overline{X})(y_i - \overline{Y})}{\sum_{i=1}^{n}(x_i - \overline{X})^2} \qquad (3.16)$$

$$a = \overline{Y} - b\overline{X} \qquad (3.17)$$

其中, $\overline{X}$ 是 $x_1, x_2, \cdots, x_n$ 的平均值,而 $\overline{Y}$ 是 $y_1, y_2, \cdots, y_n$ 的平均值,求解出回归系数,就可以用属性 X 预测属性 Y 的值。

多元回归是线性回归的扩展,也称为复回归,有两个或两个以上自变量。当预测涉及多个属性字段时,就应该考虑使用多元回归,如 $Z = aX + bY + c$,其回归系数同样也可以使用最小二乘法来求解。

3.3.1.3　不平衡数据处理

不平衡数据的处理通常采用抽样技术,其基本思想是通过改变训练数据的分布来消除或减少数据的不平衡。在数据挖掘中用于处理不平衡数据的抽样技术主要有以下两种。

(1)过抽样(Oversampling)

该方法通过增加少数类样本的数量来提高少数类样本在样本中集中的比例,最简单的办法是复制少数类。这种方法的缺点是引入了额外的训练数据,会延长构建分类器所需要的时间,没有给少数类增加任何新的信息,而且可能会导致过度拟合。

(2)欠抽样(Undersampling)

该方法通过减少多数类样本的数量来提高少数类样本在样本中集中的比例。最简单的方法是通过随机方法,去掉一些多数类样本来以减小多数类的规模。这种方法对已有的信息利用得不够充分,还可能丢失多数类样本的一些重要信息。

3.3.2　数据集成

数据集成是将多个数据源中的数据整合到一个一致的数据存储(如数据仓库)中,由于数据源具有多样性,这就需要解决可能出现的各种集成问题。

3.3.2.1　数据模式集成

数据模式集成是指通过整合不同数据源中的元数据来实施数据模式的集成,特别需要解决各数据源中属性等命名不一致的问题。

3.3.2.2　数据冲突

对于现实世界的同一实体,来自不同数据源的属性值可能不同,这可能是因为表示、尺度或编码不同。例如学生的成绩,有的用百分制表示,有的用 5 等制表示,这都需要纠正并统一。

3.3.2.3 数据冗余

集成多个数据时,通常会出现数据冗余。若一个属性能由另一个或一组属性"导出",则它具有冗余属性,例如年收入可由月薪算出。属性或维命名的不一致也可能导致结果数据集中的冗余。

有些冗余可以被相关分析检测到。给定两个属性,这种分析可以根据可用的数据,度量一个属性能在多大程度上蕴涵另一个属性。对于定类数据,使用χ^2(卡方)检验;对于数值数据,我们使用相关系数(Correlation Coefficient)检验和协方差(Covariance)检验。

(1)定类数据的χ^2检验

对于定类数据,两个属性A和B之间的相关性可以通过χ^2检验来发现。假如A有c个不同值$a_1,a_2,\cdots,a_c$,B有r个不同值$b_1,b_2,\cdots,b_r$。用A和B描述的数据元组可以用一个相依表显示,其中A的c个值构成列,B的r个值构成行。令(A_i,B_j)表示属性A取值a_i、属性B取值b_j的联合事件,即$(A=a_i,B=b_j)$。每个可能的(A_i,B_j)联合事件都在表中有自己的单元。χ^2值可以用下式计算

$$\chi^2 = \sum_{i=1}^{c} \sum_{j=1}^{r} \frac{(o_{ij} - e_{ij})^2}{e_{ij}} \tag{3.18}$$

其中,o_{ij}是联合事件(A_i,B_j)的观测频度(即实际计数),而e_{ij}是(A_i,B_j)的期望频度,可以用下式计算

$$e_{ij} = \frac{count(A=a_i) \times count(B=b_j)}{n} \tag{3.19}$$

其中,n是数据元组的个数,$count(A=a_i)$是A上具有值a_i的元组个数,而$count(B=b_j)$是B上具有值b_j的元组个数。式(3.18)中的和在所有$r \times c$个单元上计算。注意,对χ^2值贡献最大的单元是其实际计数与期望计数很不相同的单元。

χ^2统计检验假设A和B是独立的,检验基于显著水平,具有自由度$(r-1) \times (c-1)$。我们用例3.4解释该统计量的使用。若可以拒绝该假设,则我们说A和B是统计相关的。

例3.4 使用χ^2的定类数据的相关分析。假设调查了1 500人,记录了每人的性别。每个人对他们喜爱的阅读材料类型是否是小说进行投票。这样,我们有两个属性gender和preferred_reading。每种可能的联合事件的观测频率(或计数)汇总在表3.1所显示的相依表中,其中括号中的数是期望频率。期望频率根据两个属性的数据分布,用式(3.19)计算。

表 3.1 例 3.4 数据的 2×2 相依表

	男	女	合计
小说	250(90)	200(360)	450
非小说	50(210)	1 000(840)	1 050
合计	300	1 200	1 500

解:使用式(3.19),我们可以验证每个单元的期望频率。例如,单元(男,小说)的期

望频率是

$$e_{11} = \frac{count(男) \times count(小说)}{n} = \frac{300 \times 450}{1\,500} = 90$$

注意,在任意行,期望频率的和必须等于该行总观测频率,并且任意列的期望频率的和必须等于该列的总观测频率。

使用计算 χ^2 的式(3.18),我们得到

$$\chi^2 = \frac{(250-90)^2}{90} + \frac{(50-210)^2}{210} + \frac{(200-360)^2}{360} + \frac{(1\,000-840)^2}{840}$$

$$\approx 284.44 + 121.90 + 71.11 + 30.48$$

$$= 507.93$$

对于这个 2×2 的表,自由度为 $(2-1) \times (2-1) = 1$。对于自由度 1,在 0.001 的置信水平下,拒绝假设的值是 10.828(取自 χ^2 分布上百分点表示,通常可以在统计学教科书中找到)。由于我们计算的值大于该值,因此我们可以拒绝 gender 和 preferred_reading 独立的假设,并断言对于给定的人群,这两个属性是(强)相关的。

(2)数值数据的相关系数检验

对于数值数据,我们可以通过计算属性 A 和 B 的相关系数(又称 Pearson 积矩相关系数,Pearson Product-moment Correlation Coefficient,是用发明者 Karl Pearson 的名字命名的),估计这两个属性的相关度 $r_{A,B}$

$$r_{A,B} = \frac{\sum_{i=1}^{n} (a_i - \overline{A})(b_i - \overline{B})}{n\sigma_A\sigma_B} = \frac{\sum_{i=1}^{n} (a_i b_i) - n\overline{A}\,\overline{B}}{n\sigma_A\sigma_B} \tag{3.20}$$

其中,n 是元组的个数,a_i 和 b_i 分别是元组 i 在 A 和 B 上的值,$\overline{A}$ 和 $\overline{B}$ 分别是 A 和 B 的均值,σ_A 和 σ_B 分别是 A 和 B 的标准差,而 $\sum_{i=1}^{n} (a_i b_i)$ 是 AB 叉积和(即对于每个元组,A 的值乘以该元组 B 的值)。注意 $-1 \le r_{A,B} \le +1$。

如果 $r_{A,B}$ 值大于 0,则 A 和 B 是正相关的,这意味着 A 值随 B 值的增大而增大。该值越大,相关性越强(即每个属性蕴涵另一个属性的可能性越大)。因此,一个较大的 $r_{A,B}$ 值表明 A(或 B)可以作为冗余而被删除。如果 $r_{A,B}$ 值等于 0,则 A 和 B 是独立的,并且它们之间不存在相关性。若 $r_{A,B}$ 值小于 0,则 A 和 B 是负相关的,一个值随另一个值的减小而增大。这意味着每一个属性都阻止另一个属性出现。散点图也可以用来观察属性之间的相关性。

注意,相关性并不蕴涵因果关系。也就是说,若 A 和 B 是相关的,这并不意味着 A 导致 B 或 B 导致 A。例如,在分析人口统计数据库时,我们可能发现一个地区的医院数与汽车盗窃数是相关的。这并不意味一个属性导致另一个属性。实际上,两者必然地关联到第三个属性——人口。

(3)数值数据的协方差检验

在概率论与统计学中,协方差和方差是两个类似的度量,用于评估两个数值属性如何一起变化。考虑两个数值属性 A 和 B 的期望值(均值),即 $E(A) = \overline{A} = \dfrac{\sum_{i=1}^{n} a_i}{n}$ 且 $E(B) =$

$$\overline{B} = \frac{\sum\limits_{i=1}^{n} b_i}{n}, A \text{ 和 } B \text{ 的协方差定义为}$$

$$Cov(A,B) = E((A - \overline{A})(B - \overline{B})) = \frac{\sum\limits_{i=1}^{n}(a_i - \overline{A})(b_i - \overline{B})}{n} \tag{3.21}$$

若我们把 $r_{A,B}$（相关系数）的式（3.20）与式（3.21）相比较，则我们看到

$$r_{A,B} = \frac{Cov(A,B)}{\sigma_A \sigma_B} \tag{3.22}$$

其中，σ_A 和 σ_B 分别是 A 和 B 的标准差。还可以证明

$$Cov(A,B) = E(A \cdot B) - \overline{A}\,\overline{B} \tag{3.23}$$

该式可以简化计算。

对两个趋向于一起改变的属性 A 和 B，如果 A 大于 $\overline{A}$（A 的期望值），则 B 很可能大于 $\overline{B}$（B 的期望值）。因此，A 和 B 的协方差为正。此外，如果当一个属性小于它的期望值时，另一个属性趋向于大于它的期望值，则 A 和 B 的协方差为负。

如果 A 和 B 是独立的（即它们不具有相关性），则 $E(A \cdot B) = E(A) \cdot E(B)$。因此，在这种情况下协方差为

$$Cov(A,B) = E(A \cdot B) - \overline{A}\,\overline{B} = E(A) \cdot E(B) - \overline{A}\,\overline{B} = 0$$

然而，其逆不成立。某些随机变量（属性）可能具有协方差 0，但是不是独立的。仅在某种附加的假设下（如数据符合多元正态分布），协方差 0 蕴涵独立性。

例 3.5 数值属性的协方差分析。表 3.2 所示，它给出了在 5 个时间点观测到的 A 公司和 B 公司的股票价格的简化例子。若股市受相同的产业趋势影响，它们的股价会一起涨跌吗？

表 3.2 A 公司和 B 公司的股票价格

时间点	A	B
t_1	6	20
t_2	5	10
t_3	4	14
t_4	3	5
t_5	2	5

解：

$$E(A) = \frac{6+5+4+3+2}{5} = \frac{20}{5} = 4(\text{元})$$

$$E(B) = \frac{20+10+14+5+5}{5} = \frac{54}{5} = 10.80(\text{元})$$

于是，使用式（3.21）计算

$$Cov(A,B) = \frac{6 \times 20 + 5 \times 10 + 4 \times 14 + 3 \times 5 + 2 \times 5}{5} - 4 \times 10.80 = 7$$

由于协方差为正,因此我们可以说两个公司的股票同时上涨。

方差是协方差的特殊情况,其中两个属性(即属性与自身的协方差)相同。

3.3.3 数据变换

原始数据通常不适合直接用于数据挖掘或无法加载到数据仓库中,因此需要对它们进行变换或统一,使之转换为易于进行数据挖掘的数据存储形式。数据变换涉及多个方面,除了常见的长度、类型转换之外,还有数据聚集、数据概化、数据规范化等主要内容。

3.3.3.1 数据聚集

它是指对数据进行汇总或聚集。例如,如果想分析客户的经济背景情况对购买能力的影响,只需要关注客户的消费金额,而不需要了解客户买了什么商品以及商品价格等信息。聚集常用来构造数据立方体。

3.3.3.2 数据概化

用较高维度层次的数据代替较低维度层次的数据称为数据概化(Data Generalization),也翻译为数据概括。

通常,从数据聚集得到的数据,有些是对低层概念的描述数据。比如,宾馆登记客人入住时间(包括年、月、日、时、分、秒),而在数据仓库决策分析或在数据挖掘时通常并不需要细化到分、秒这些低层时间概念。因为它的存在会使数据仓库的数据量暴增,也会让数据挖掘过程中花费更多的时间,还可能会得到不理想的结果。

为了分析每天客人的入住人次,在数据仓库中可以用"日"来代替客人入住宾馆的时间;为了分析什么年龄段的人喜欢旅游,还可以用"年",甚至"年代"(每10年算作1个年代)来替换客人的出生日期。

3.3.3.3 数据规范化

所用度量单位可能影响数据分析,比如把 weight 的度量单位从千克改成磅,可能导致完全不同的结果。通常,用较小的单位表示属性将使得该属性有较大值域,因此趋向于使这样的属性具有较大的影响或较高的"权重"。为了避免对度量单位选择的依赖性,数据应该规范化(Normalization)或者标准化,将原始数据按一定比例缩放,使之落入某个特定区间。若规范化结果落入的区间为 $[0,1]$,就称为无量纲化。下面介绍几种常用的数据规范化方法。

(1)最小-最大规范化

最小-最大规范化(Min-Max Normalization)是对原始数据进行线性变换。假设数据的取值区间为 $[Min,Max]$,要把这个区间映射到新的取值区间 $[NewMin,NewMax]$。对于原始区间内的任意一个值 x,在新的区间内都有唯一的值 x' 与之对应。计算公式如下

$$x' = \frac{x - Min}{Max - Min}(NewMax - NewMin) + NewMin \qquad (3.24)$$

最小–最大规范化保持原始数值之间的联系。若之后输入的实例数据落在原数据值域之外,则该方法将面临"越界"错误。

例 3.6 设区间 $[5,10]$,请将 $x = 8 \in [5,10]$ 变换为 $x' \in [15,45]$。

解: $x = 8 \in [5,10]$,因为要将其变换为 $x' \in [15,45]$,则根据公式有

$$x' = \frac{8-5}{10-5} \times (45-15) + 15 = 33$$

(2) 零–均值规范化

零–均值规范化(Z-Score Normalization)是根据样本集 A 的平均值和标准差进行规范化,即

$$x' = \frac{x - \overline{A}}{\sigma_A} \qquad (3.25)$$

其中,$\overline{A}$ 为样本集 A 的平均值,而 σ_A 为样本集的标准差。当某个属性值 A 的取值区间未知时,可以使用此方法进行规范化。

例 3.7 对于样本集 $A = \{1,2,4,5,7,8,9\}$,试用零–均值规范化方法进行规范化。

解: 因为样本集有 7 个样本数据,其平均值

$$\overline{A} = \frac{\sum_{i=1}^{7} x_i}{7} \approx 5.14$$

样本的标准差为 σ_A

$$\sigma_A = \sqrt{\frac{\sum_{i=1}^{n}(x_i - \overline{A})^2}{7-1}} \approx \sqrt{\frac{54.86}{6}} \approx 3.02$$

对样本集中的数据 $x = 7$ 进行零–均值规范化的结果是

$$x' = \frac{x - \overline{A}}{\sigma_A} = \frac{7 - 5.14}{3.02} \approx 0.62$$

利用公式可以对 A 中其他数据进行零–均值规范化。

(3) 小数定标规范化

小数定标规范化(Decimal Scaling Normalization)通过移动属性 A 的值的小数点位置进行规范化。此方法也需要在属性取值区间已知的条件下使用。小数点移动的位数根据属性的最大绝对值确定。对于样本集中的任一数据点 x,其小数定标规范化的计算公式为

$$x' = \frac{x}{10^\alpha} \qquad (3.26)$$

其中,α 是使 $\max(|x'|) < 1$ 的最小整数。

例 3.8 对于样本集 $A = \{11,22,44,55,66,77,88\}$,试用小数定标规范化方法进行规范化。

解: 样本数据取值区间为 $[11,88]$,最大绝对值为 88。对于 A 中任一个 x,使

$$\max\left(\left|\frac{x}{10^\alpha}\right|\right) = \left|\frac{88}{10^\alpha}\right| < 1$$

成立的 α 为 2。因此,最大值 $x = 88$ 规范化后的值为 $x' = 0.88$。

3.3.4 数据归约

数据仓库中往往存有海量数据,在其上进行数据分析或挖掘都变得非常困难。数据归约(Data Reduction),也称为数据约简或数据简化,是用精简数据表示原始数据的一种方法,且归约后的数据量通常比原始数据小很多,但具有接近甚至等价于原始数据的信息表达能力。因此,在归约后的数据集上进行分析或挖掘,不仅效率会更高,而且仍然能够产生相同或者几乎相同的分析结果。

数据归约技术可分为维归约、数量归约和数据压缩三大类。

3.3.4.1 维归约

维归约(Dimensionality Reduction)的目标是减少描述问题的随机变量个数或者数据集的属性个数,后者又称属性归约(Attribute Reduction)。维归约方法包括离散小波变换、主成分分析,它们把原数据变换或投影到较小的空间。属性子集选择也是一种维归约方法,通过计算属性的重要性,检测冗余或不重要的属性并将其删除。

(1)离散小波变换(DWT)是一种线性信号处理技术,用于数据向量 x 时,将它变换成不同的数值小波系数向量 x'。两个向量具有相同的长度。当这种技术用于数据归纳时,每个元组看作一个 n 维数据向量,即 $x = (x_1, x_2, \cdots, x_n)$,描述 n 个数据库属性在元组上的 n 个测量值。小波变换后数据与原数据长度相等,那么这种技术如何用于数据压缩?关键是小波变换后的数据可以截短,仅存放一小部分最强的小波系数,就能保留近似的压缩数据。

(2)主成分分析(Principal Components Analysis,PCA),又称 Karhunen-Loeve 或 K-L 方法:假设待归约数据由用 n 个属性(或维)描述的元组或数据向量组成,该方法搜索 k 个最能代表数据的 n 维正交向量,其中 $k \leq n$。这样,原数据投影到一个小得多的空间上,导致维归约。

PCA 可以用于有序和无序的属性,并且可以处理稀疏和倾斜的数据。多于二维的多维数据可以归约为二维问题来处理。主成分可以用作多元回归和聚类分析的输入。与小波变换相比,PCA 能够更好地处理稀疏数据,而小波变换更适合高维数据。

(3)属性子集选择通过删除不相关或冗余的属性(或维)来减少数据量。属性子集选择的目标是找出最小属性集,使得数据类的概率分布尽可能接近使用所有属性得到的原分布。该方法还减少了出现在发现模式上的属性数目,使得模式更容易被理解。在实践中,我们通常使用贪心算法去选择属性的最佳子集,它们的策略是做局部最优选择,期望由此得到全局最优解。

3.3.4.2 数量归约

数量归约(Numerosity Reduction)就是用较少的数据表示形式替换原始数据。这些技术可以是参数的或非参数的。就参数方法而言,使用模型估计数据,这样只需要存放模型参数,而不需要存放实际数据(离群点可能也要存放)。回归和对数-线性模型都是参数方法的例子,两者可以用来近似给定的数据。非参数方法包括直方图、聚类、抽样和数据立方体聚集等。

(1)在(简单)线性回归中,对数据建模,使之拟合为一条直线。例如,可以使用 $y = wx+b$,将随机变量 y(因变量)表示为另一随机变量 x(自变量)的线性函数。假定 y 的方差是常量,在数据挖掘中,x 和 y 是数值数据库属性。系数 w 和 b(称作回归系数)分别为直线斜率和 y 轴截距。系数可用最小二乘法求解,最小二乘法可以最小化分离数据的实际直线与该直线的估计之间的误差。多元回归是(简单)线性回归的扩展,允许用两个或多个自变量的线性函数对因变量 y 建模。

(2)对数-线性模型(Log-Linear Model)近似离散的多维概率分布。给定 n 维元组集合,把每个元组看作 n 维空间的点。对于离散属性集,可以使用对数-线性模型,基于维组合的一个较小子集,估计多维空间中每个点的概率。这使得高维数据空间可以由较低维数据空间构造。

回归和对数-线性模型都可以用于稀疏数据。虽然两种方法都可以处理倾斜数据,但回归的效果更好。当用于高维数据时,回归-线性模型可能是计算密集的,对数-线性模型则表现出很好的可伸缩性。

(3)直方图(Histogram),又称频率直方图。它是一种概括给定属性 X 的分布的图形方法。若 X 是定类数据,如汽车型号或商品类型,则使用分箱来近似数据分布,这是一种流行的数据归约形式。对于近似稀疏数据和稠密数据,以及高倾斜和均匀的数据,直方图都是非常有效的。

(4)前面章节中聚类技术曾用来处理数据噪声,这里我们简单介绍一下使用聚类进行数据归约,在第 7 章我们对聚类技术进行详细介绍。它是把数据元组看作对象,将对象划分为群或簇,使得在一个簇中的对象相互"相似",而与其他簇中的对象"相异"。通常,相似性基于距离函数,用对象在空间中的"接近"程度定义。簇的"质量"可以用直径表示,直径是簇中两个对象的最大距离。形心距离是簇质量的另一种度量,它定义为簇中每个对象到簇形心(表示"平均对象,或簇空间的平均点")的平均距离。

在数据归约中,用数据的簇替换实际数据。该技术的有效性依赖于数据的性质。相对于被污染的数据,对于能够组织成不同的簇的数据而言,该技术有效得多。

(5)抽样可以作为一种数据归约技术使用,因为它允许用数据的小得多的随机样本 s(子集)表示大型数据集。常用的抽样方法有无放回简单随机抽样、有放回简单随机抽样、簇抽样、分层抽样等。

假设大型数据集 D 包含 N 个元组。采用抽样进行数据归约得到样本的花费正比例于样本集的大小 s,而不是数据集的大小 N。因此,抽样的复杂度可能与数据的大小呈亚线性(Sublinear)关系。其他数据归约技术至少需要完全扫描数据集 D。对于固定的样本大小,抽样的复杂度仅随数据的维数 n 呈线性增大;而其他技术,如使用直方图,复杂度随 n 呈指数增大。

(6)数据立方体聚集。假如我们已经为分析收集了数据,这些数据由某商场的给定分店 2008—2010 年每季度的销售数据构成。然而,你感兴趣的是年销售额(每年的总和),而不是每季度的总和。于是你可以对这些数据进行聚集,使得结果数据汇总每年的总销售额,而不是每季度的销售额。该聚集如图 3.6 所示。结果数据量比原数据量少得多,但并未丢失分析任务所需事务信息。

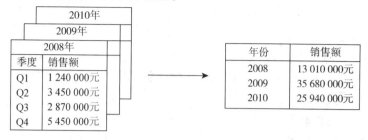

图 3.6　某商场的给定分店 2008—2010 年的销售数据
(左图,销售额按季度显示;右图,数据聚集以年销售额显示)

数据立方体存储多维聚集信息。例如,图 3.7 显示的是一个数据立方体,用于某商场所有分部每类商品年销售的多维数据分析。每个单元存放一个聚集值,对应于多维空间的一个数据点(此处只显示了某些单元的值)。每个属性都可能存在概念分层,允许在多个抽象层进行数据分析。例如,分部的分层使得分店可以按它们的地址聚集成地区。数据立方体便于对预计算的汇总数据进行快速访问,因此适合联机数据分析和数据挖掘。

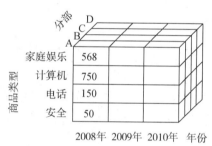

图 3.7　某商场的销售数据立方体

3.3.4.3　数据压缩

数据压缩(Data Compression)使用变换方法得到原数据的归约或"压缩"表示。若原数据能从压缩后的数据中重构,不损失信息,该数据归约称为无损的或等价的。若只能近似重构原数据,则该数据归约称为有损的。维归约和数量归约也可视为某种形式的数据压缩。

此外,还有许多方法可以实现数据归约,但注意花费在数据归约上的计算时间不应该超过或"抵消"在归约后的数据上挖掘所节省的时间。

 **习题 3**

1.数据分为哪几种类型?
2."40 ℃比 20 ℃高了 2 倍",这句话的描述正确吗?为什么?
3.简述定距数据与定比数据的区别。

4.什么是集中趋势？如何描述集中趋势？

5.简述如何衡量数据的离散程度。

6.简述如何区分不同类型的峰度。

7.数据挖掘过程中,为什么要进行数据预处理？

8.简述数据清洗的主要内容。

9.简述对一个数据集采用分箱技术处理的主要步骤。

10.如何对数据进行规范化处理？

11.简述数据概化的含义。

12.简述数据规约技术。

4 联机分析处理

4.1 OLAP 的概述

4.1.1 OLAP 的含义

数据仓库是进行决策分析的基础,但也必须配备强有力的工具进行决策和分析。OLAP 即与决策分析密切相关的工具产品。OLAP 系统以数据仓库为基础,从数据仓库中抽取相关的数据,经过集成再存储到 OLAP 存储器中,供前端分析工具读取。

OLAP 委员会对 OLAP 的定义:OLAP 是一种软件技术,它能够使分析人员(管理人员或执行人员)从多种角度对信息数据进行快速、一致、交互的存取,并达到深入理解数据的目的。

在 OLAP 系统中,客户能够以多维视图的方式,搜寻数据仓库中存储的数据。OLAP 是专门设计的用于支持复杂的分析操作,可以应分析人员的要求,快速、灵活地对大数据量进行复杂查询处理,并以一种直观、易懂的形式将查询结果提供给决策者,以便他们准确掌握企业经营状况,了解市场需求,制定正确方案来增加效益。

OLAP 的目标是满足决策支持或者满足多维环境下特定的查询和报表需求。它不同于 OLTP 技术,概括起来主要有以下几点特性:

(1)多维性:多维性是 OLAP 的关键特性。OLAP 技术是面向主题的多维数据分析技术。分析人员、管理人员使用 OLAP 技术,可以从多个角度观察数据,并从不同的主题分析数据,最终直观地得到有效的信息。OLAP 系统必须提供对数据分析的多维视图,包括对层次维和多重层次维的完全支持。

(2)可分析性:OLAP 系统能处理与应用有关的任何业务逻辑和统计分析,并且这些分析对于目标用户而言足够简单。

(3)信息性:不论数据量有多大,也不论数据存储在何处,OLAP 系统都能及时获取信息并对信息进行处理。

(4)快速性:OLAP 系统通过使用各种技术,尽量提高对用户的响应速度。无论数据仓库的规模有多大或有多复杂,都能够对查询提供一致的快速响应。合并的业务数据可以沿着所有维度中的层次结构预先进行聚集,从而缩短构建 OLAP 报告所需时间。

4.1.2　OLAP 与 OLTP

OLTP 是面向交易的业务处理,以快速的业务响应和频繁的数据修改为特征,使用户能够快速地处理具体业务。其最大的优点是能及时响应用户的要求。但随着数据量的暴增,人们如何能在海量数据中搜寻到有用的信息呢?如何使数据能够为决策分析服务呢?决策分析需要对关系数据库中的数据进行大量计算,才能得到需要的结果,而基于 SQL 简单查询的 OLTP 并不能满足这种需求。OLAP 正是解决此类问题的有力工具之一。

企业用来存储所有业务和交易记录的数据库称为联机事务处理数据库,OLTP 以此为基础,面向业务操作人员和低层管理人员,用于业务日常操作处理。OLTP 设计用于高效地处理和存储业务,以及查询业务数据。在业务处理过程中使用 OLTP 可以保证数据的完整性,并且更改后的数据有严格的持久性。同时,使用 OLTP 也带来了一些挑战:OLTP 系统对大量数据进行复杂查询时会消耗大量资源,速度较慢;OLTP 系统对数据库对象规范化与简洁的命名要求,使得其对业务用户的专业素养要求较高;历史数据记录以及在任何一个表中存储过多数据都会导致查询性能下降。

与 OLTP 相比,OLAP 用来快速解决多维问题,支持最终用户进行动态分析。OLAP 面向决策分析人员和高层管理人员,以数据仓库为基础对业务型数据进行复杂的分析处理。OLAP 系统为业务用户提供了一种便利的方式来基于大数据生成报表,它适用于大量数据并且多是聚合数据计算的场景。使用 OLAP 系统也面临着挑战,OLAP 系统更适用于战略业务决策,而非适用于快速对更改做出响应;OLAP 系统通过多维模型,将每个属性映射到一个列,无法直接映射到实体关系或面向对象的模型。

OLTP 累积的大量数据,在数据仓库中集成后,有利于 OLAP、数据挖掘等方法的高效运行,使其能快速从海量数据中发现有价值的知识,构建决策支持系统(Decision-making Support System,DSS),实现商业智能(Business Intelligence,BI)。

OLTP 和 OLAP 是两类不同的应用。概括起来,OLAP 和 OLTP 的区别如表 4.1 所示。

表 4.1　OLAP 和 OLTP 的区别

比较项	OLAP	OLTP
特性	信息处理	操作处理
用户	面向高层管理人员	面向操作人员
用户数	较少	较多
功能	支持决策需要	支持日常操作
面向	面向数据分析	面向事务
驱动	分析驱动	事务驱动
数据量	一次处理的数据量大	一次处理的数据量小
访问	不可更新,但周期性刷新	可更新

续表

比较项	OLAP	OLTP
访问记录数	数百万	数十个
数据	历史数据	当前数据
汇总	综合性和提炼性数据	细节性数据
视图	导出数据	原始数据

4.2 OLAP 的多维数据分析

在了解多维数据分析操作前,我们首先了解一下多维数据集的概念。

数据仓库和 OLAP 服务是基于多维模型的,这种模型将多维数据集看作数据立方体(Data Cube)。多维数据集可以用一个多维数组来表示,它是维和事实列表的组合表示。一个多维数组可以表示为

(维 1,维 2,…,维 n,事实列表)

表 4.2 是某商店销售情况,它是按年份、地点和商品组织起来的三维立方体,加上事实"销售量",就组成了一个多维数组(年份,地点,商品,销售量)。实际上,这里的地区分为两层,假设考虑城市这一层,多维数组为(年份,城市,商品,销售量),其三维立方体如图 4.1 所示。

表 4.2　某商店销售情况　　　　　　　　　　　　　　　　　　（单位:台）

地点		2013 年			2014 年		
分区	城市	电视机	电冰箱	洗衣机	电视机	电冰箱	洗衣机
华北	北京	12	34	43	23	21	5
华东	上海	15	32	32	54	6	70
	南京	11	43	32	37	16	90

在一个多维数据集中可以有一个或多个事实。例如,在多维数组(年份,地点,商品,销售量,销售金额)中,就有两个事实,即销售量和销售金额。

在多维数组中,单元格是多维数组的取值。当从多维数组的各个维都选中一个维成员时,这些维成员的组合就唯一确定了一个事实的值。例如,图 4.1 中该商店 2013 年北京的电视机销售量是 12 台。

OLAP 分析的基本操作指的是对多维数据集进行切片(Slice)、切块(Dice)、旋转(Pivot)、下钻(Drill-down)、上卷(Roll-up),以便让用户能从多个角度、多个层次观察数据,从而深入地了解包含在数据中的有用信息,并为企业提供决策支持。

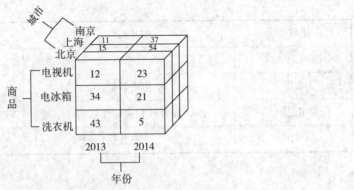

图 4.1 按多维数组组织起来的三维立方体(单位:台)

4.2.1 切片

定义 1 在多维数据集的某一维上选定一个维成员的操作称为切片,即在多维数组(维 1,维 2,…,维 n,事实列表)中选一个维,如维 i,并取某一维成员(设为"维成员 V_i"),所得的多维数组的子集(维 1,…,维 i−1,维成员 V_i,维 i+1,…,维 n,事实列表)称为在维 i 上的一个切片。

图 4.2 是由地区维、时间维、学生维组织起来的 9 月份某高校各地区学生返校人次三维数据集。若在学生维上指定维成员"本科",其切片结果如表 4.3 所示。它表示 9 月份某高校从河北、吉林、天津、山东四个地区返校的本科生。显然,这样切片的数目取决于每个维上维成员的个数。

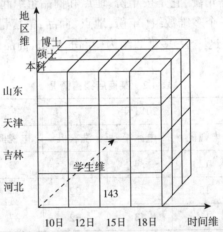

图 4.2 9 月份某高校各地区学生返校人次三维数据集

表 4.3 对三维数据集指定学生维成员"本科"的切片结果

	10 日	12 日	15 日	18 日
山东	300	256	213	314
天津	186	89	23	124
吉林	266	232	233	234
河北	323	135	143	245

按照定义1，一次切片一定使原来的维数减1，所以，所得的切片并不一定是二维的平面，其维数取决于原来的多维数据的维数。这样的切片定义一般只适用于三维的情形，所以，接下来给出切片的另一个定义(注意：这两个定义不一定等价)。

定义2 选定多维数据集的一个二维子集的操作称为局部切片，即在多维数组(维1，维2，…，维n，事实列表)中选两个维，如维i和维j，在这两个维上取某一区间或任意维成员，而将其余的$(n-2)$个维都选定一个维成员，则得到的就是多维数组在维i和维j上的一个二维子集，称这个二维子集为多维数组在维i和维j上的一个局部切片，表示为(维i，维j，事实列表)。

按照定义2，对于任意维数据，数据切片的结果一定是一个二维的平面。为方便理解，可将定义1的切片操作称为全局切片操作。

对于图4.2所示的三维数据集，若在学生维上指定维成员"本科"，则表4.3中的任何一个连续二维子集都是三维数据集的一个局部切片，表4.4就是其中的一个局部切片。

表4.4 对三维数据集指定学生维成员"本科"的一个局部切片结果

天津	186	89	124
吉林	266	232	234
河北	323	135	245
	10日	12日	18日

从另外一个角度来讲，切片就是在某两个维上取一定区间的维成员或全部维成员，而在其余维上选定一个维成员的操作。从这里可以得出以下两点共识：

(1)一个多维数组的切片最终是由该数组中除切片所在平面两个维之外的其他维的成员值确定的。所得的切片是由除地区和时间两个维之外的学生维的取值决定的，即取学生维成员"本科"确定一个切片。以此类推，取地区维成员"吉林"则可以确定另一个切片。

(2)维是观察数据的角度，那么，切片的作用或结果就是舍弃一些观察角度，使人们能在两个维上进行集中观察。由于人的空间想象能力有限，一般很难想象四维以上的空间结构，所以对于维数较多的多维数据空间，数据切片是十分有意义的。

4.2.2 切块

和切片相对应，切块也有以下两个定义：

定义1 在多维数据集(维1，维2，…，维n，事实列表)的某一维上指定若干维成员的选择操作称为切块，其结果称为多维数据集的一个切块。

对图4.2所示的三维数据集，在学生维上指定"硕士""博士"两个维成员进行切块操作，相当于去掉了"本科"有关的单元格，其结果如图4.3所示。

定义2 选定多维数组的一个三维子集的操作称为长方体切块或局部切块，即选定多维数组(维1，维2，…，维n，事实列表)中的三个维：维i、维j、维r，在这三个维上取某一区间或任意的维成员，而将其余维都取定一个维成员，则得到的就是多维数组在维i、维j、维r上的一个三维子集，称这个三维子集为多维数组在维i、维j、维r上的一个切块,表示为(维i,维j,维r,事实列表)。

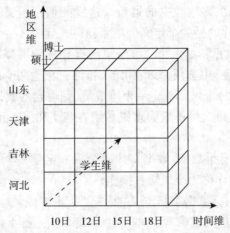

图 4.3　在图 4.2 的学生维上指定"硕士""博士"的切块结果

在三维数组(地区,时间,学生,返校人次)中,地区维取"河北""吉林""天津"三个维成员,时间维取"10 日、12 日、15 日、18 日"四个维成员,学生维取"硕士""博士"两个维成员组成三维立方体,则得到对图 4.2 所示的三维数据集进行局部切块操作的结果,如图 4.4 所示。

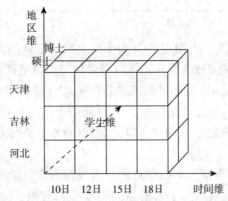

图 4.4　对图 4.2 所示的三维数据集的局部切块结果

4.2.3　旋转

旋转是改变一个报告或页面显示的维方向,以得到不同视角的数据,实现用户直观并多角度地查看数据集中不同维之间的关系。例如,旋转可能包含交换行和列,或者是把某一行维移到列维中,如图 4.5 所示,或是把页面显示中的一个维和页面外的维进行交换(令其成为新的行或列中的一个)。

图 4.5 是把一个横向为时间、纵向为地区的报表转成横向为地区、纵向为时间的报表。

地区	2005 年				2006 年			
	Q1	Q2	Q3	Q4	Q1	Q2	Q3	Q4
A 市	123	56	45	66	134	56	23	55
B 市	134	103	98	87	102	139	97	82
C 市	67	73	59	96	73	69	62	94

地区		A 市	B 市	C 市
2005 年	Q1	123	134	67
	Q2	56	103	73
	Q3	45	98	59
	Q4	66	87	96
2006 年	Q1	134	102	73
	Q2	56	139	69
	Q3	23	97	62
	Q4	55	82	94

图 4.5　旋转移动行维到列维

4.2.4　钻取

维具有层次。例如,时间由年、月或星期组成,而它们都是由日组成的;地点也可以划分为国家,国家包含省(或其他地方政府单位),而省又包含城市。

多维数据集的钻取(Drill)就是改变数据所属的维度层次,实现分析数据的粒度转换,是下钻和上卷这两个相反操作的统称。多维数据集钻取操作的目的是方便用户从不同的层次观察多维数据。

对多维数据选定的维度成员,按照其上层次维度成员对数据进行求和计算并展示的操作称为上卷操作,简称上卷。由上卷的定义可知,它是在某一个维上,将较低层次的细节数据概括为高层次的汇总数据,以增大数据的粒度,并减少数据单元格的个数或数据集的维数。

对多维数据选定的维度成员,按照其下层次维度成员对数据进行分解称为下钻操作,简称下钻。下钻是上卷的逆操作,它由不太详细的数据到更详细的数据,使用户在多层数据中能通过导航信息而获得更多的细节数据。下钻可以沿维的概念分层向下或增加新维或维的层次来实现。进行下钻操作时,需要用到原始数据集。

销售数据用多维数组来记录每天的销售情况。可以按月聚集(上卷)销售数据;反过来,若给定数据按月份划分,可能希望将月销售总和分解(下钻)成日销售总和,当然,这要求基本销售数据的时间粒度是按天计算的。

例 4.1　设表 4.5 表示"6 月"某连锁商场产品在不同地区的销售情况,且时间维度"月"层次的下层为"旬",请给出下钻的结果。

表 4.5 "6 月"某连锁商场产品在不同地区的销售情况 （单位:元）

音响	130 000	120 000	80 000	100 000
相机	320 000	200 000	250 000	230 000
平板	572 000	490 000	510 500	510 000
手机	500 000	480 000	390 000	460 000
	大连	沈阳	齐齐哈尔	哈尔滨

解:因为每月有上、中、下三个旬,因此,其下钻结果如表 4.6 所示。

表 4.6 对表 4.5 的二维数据集按"旬"下钻的结果 （单位:元）

音响	40 000	30 000	60 000	20 000	64 000	36 000	…	…	45 000
相机	110 000	120 000	90 000	45 000	37 950	117 050	…		80 000
平板	220 000	160 000	192 000	115 000	75 000	300 000	…		190 500
手机	150 000	100 000	250 000	170 500	134 000	175 500	…		180 000
	6月上旬	6月中旬	6月下旬	6月上旬	6月中旬	6月下旬	…		6月下旬
	大连			沈阳			齐齐哈尔	哈尔滨	

反过来,表 4.5 的数据又是表 4.6 在时间维"旬"层次上进行上卷的结果。

4.3 | OLAP 系统的分类

建立 OLAP 的基础是多维数据模型。OLAP 系统的类型是按照多维数据模型存储方式来划分的。目前主要有 MOLAP(基于多维数据库的 OLAP)、ROLAP(基于关系型数据库的 OLAP)等。

4.3.1 MOLAP

多维联机分析处理(Multi-dimensional OLAP,MOLAP)将按照主题定义的 OLAP 分析所用到的多维数据在物理上存储为多维数组的形式,形成立方体结构。生成的多维立方体已经计算并生成了一些汇总值。维的属性值被映射成多维数组的下标值或下标的范围,而汇总数据作为多维数组的值被存储在数组的单元格中。当用户发出请求时,OLAP 是从多维立方体中,而不是从数据仓库中取出数据。这种方式对用户的请求响应很快。例如,表 4.7 的事实表采用多维数组存储时如表 4.8 所示。从中可以看出,使用这种方式表示数据可以极大地提高查询的性能。

表4.7 一个采用关系表存储的事实表 （单位:万元）

产品名称	销售地区	销售量
珠宝	南京	940
珠宝	深圳	450
珠宝	天津	340
珠宝	汇总	1 730
箱包	南京	830
箱包	深圳	350
箱包	天津	270
箱包	汇总	1 450
汇总	南京	1 770
汇总	深圳	800
汇总	天津	610
汇总	汇总	3 180

表4.8 一个采用多维数组存储的事实表 （单位:万元）

产品名称	销售地区			汇总
	南京	深圳	天津	
珠宝	940	450	340	1 730
箱包	830	350	270	1 450
汇总	1 770	800	610	3 180

由于多维立方体通常是稀疏的,所以存储的大部分是综合数据,细节数据较少,分析粒度较粗。同时,MOLAP的灵活性较差,若分析人员需要一个在多维数据库中不存在的维度时,开发人员必须在多维数据库中定义分析人员需要的维度,并对之前的预处理进行改动。

4.3.2 ROLAP

关系联机分析处理(Relational OLAP,ROLAP)将分析用到的多维数据集存储在传统的关系型数据库中,并用星形模型或雪花模型表示,而不是生成多维立方体。ROLAP只存储数据模型和数据仓库之间的映射关系,真正的数据物理存储在数据仓库中。

每个ROLAP分析模型基于关系数据库中一些相关的表,这些相关表中有反映观察角度的维度表和用来存储数据和维关键字的事实表。在关系数据库中,多维数据必须被映像成平面型的关系表中的行。在ROLAP中必须通过一个能够平衡性能和存储效率,以及具有可维护性的方案来实现OLAP功能。通常维度表和事实表通过外键相互关联。

4.3.3 MOLAP 与 ROLAP 的比较

MOLAP通过多维数据库引擎从关系数据库(DB)和数据仓库(DW)中提取数据,将各种数据组织成多维数组的形成,存放到多维数据库中,并且将自动建立索引来提高查询存取性能,如图4.6所示。

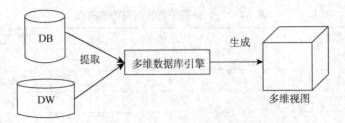

图 4.6　MOLAP 结构

ROLAP 从关系数据库(DB)和数据仓库(DW)中提取数据,按 ROLAP 的数据组织存放在关系数据库管理系统(Relational Database Management System,RDBMS)服务器中。最终用户的多维分析请求,通过 ROLAP 服务器的多维分析(OLAP 引擎)动态翻译成 SQL 请求,查询结果经多维处理(将关系表达式转换成多维视图)返回用户,如图 4.7 所示。

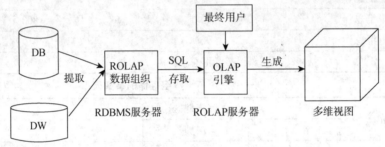

图 4.7　ROLAP 结构

这两种技术都满足了 OLAP 数据处理的一般过程。MOLAP 效率高,但数据装载效率低。因为已将多维数据预先处理好,提高了用户请求响应的效率,但也让装载变得复杂。若数据仓库重新构造,所有数据都要重新装载,倘若数据量增大,则会导致维护成本剧增。ROLAP 基于关系数据库,虽然操作起来麻烦,但多维报表通过事实表与维度表相连的方式形成,对数据库性能要求较高,对数据仓库建立索引后可降低报表生成的成本。数据仓库调整过后,通常不需要重新装载数据,具有更大的灵活性。所以 ROLAP 与 MOLAP 各有优缺点,两者之间的比较如表 4.9 所示。

表 4.9　ROLAP 与 MOLAP 比较

比较项	ROLAP	MOLAP
优点	没有存储大小的限制	性能好,响应速度快
	没有的关系数据库的技术可以沿用	专为 OLAP 所设计
	对维度的动态变更有很好的适应性	支持高性能的决策支持计算
	灵活性较好,数据变化的适用性好	支持复杂的跨维计算
	对软、硬件平台的适应性好	支持行级的计算
缺点	一般比 MOLAP 响应速度慢	增加系统培训与维护费用
	系统不提供预综合处理功能	受操作系统平台中文件大小的限制
	关系 SQL 无法完成部分计算	系统所进行的预计算可能导致数据爆炸
	无法完成多行的计算	无法支持数据及维度的动态变化
	无法完成维之间的计算	缺乏数据模型和数据访问的标准

4.4 OLTP 与 OLAP 融合的前沿技术

4.4.1 HTAP

从上文对 OLTP 和 OLAP 的介绍我们发现两者各有利弊。随着时间的推移,越来越多的业务要求 OLAP 系统能够实时反映当前 OLTP 系统中的实际数据,希望 OLAP 系统可以支持更新等。总之,在业务和用户层面,OLAP 系统和 OLTP 系统的边界逐渐模糊。企业迫切希望能够出现一种新的解决方案,可以同时满足业务对 OLAP 和 OLTP 的需求。混合事务与分析处理(Hybrid Transactional & Analytical Processing,HTAP)就是在这种环境中诞生的,它是 OLAP 系统和 OLTP 系统高度融合的产物。

2014 年,Gartner 首次给出 HTAP 的定义:Systems that can support both OLTP (On-line Transaction Processing) as well as OLAP (On-line Analytics Processing) within a single transaction,利用内存计算技术在同一内存数据存储上实现业务和分析处理。它不仅消除了从关系型业务数据库到数据仓库的 ETL 过程,还支持实时地分析业务数据。2018 年,Gartner 将 HTAP 概念扩展到"In-Process HTAP",新定义表明 HTAP 不再局限于内存计算技术。

以往的业务处理方式是将 OLTP 的数据通过 ETL 过程传给数据仓库,OLAP 系统使用数据仓库的数据进行决策分析。这需要两套环境分别应对 OLAP 与 OLTP,增加了整个架构的复杂性。HTAP 数据库采用行列共存的方式,同时进行业务和分析处理,使得数据可以进行实时分析,从而简化了业务系统的架构,同时具有一定的扩展特性。传统架构与 HTAP 架构如图 4.8 所示。

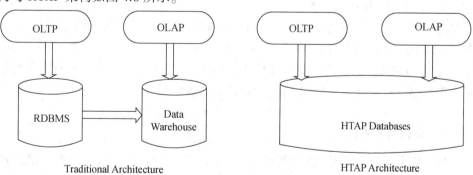

图 4.8 传统架构与 HTAP 架构

HTAP 的出现有着重大的意义,它在各个行业都有应用场景。例如,企业家可以实时分析最新的交易数据并识别销售趋势,及时做出反应;银行工作人员可以高效地处理客户交易,检测客户及其行为是否异常或存在风险。

4.4.2　HTAP 数据库技术

随着 HTAP 的发展,HTAP 数据库不断涌现。最新的数据库技术采用分布式的架构实现,满足高并发的请求。

HTAP 数据库同时也面临着挑战:如何组织数据以适应高性能和低存储成本的 HTAP 工作负载? 如何将数据从行存储同步到列存储以实现高吞吐量和数据新鲜度? 如何通过探索巨大的计划空间来优化行存储和列存储的查询? 如何有效地为 OLTP 和 OLAP 实例调度资源以实现高吞吐量和数据新鲜度? 由于 OLTP 与 OLAP 的工作负载相互交织,HTAP 数据库必须平衡工作负载隔离和数据新鲜度。

现有 HTAP 数据库的主要架构如下:

(1)主行存储+内存中列存储

HTAP 数据库使用主行存储作为 OLTP 工作负载的基础,使用内存中列存储处理 OLAP 工作负载。由于所有的工作都在内存中处理,此类 HTAP 数据库吞吐量高。它适用于需要实时分析的银行系统。

(2)分布式行存储+列存储副本

此类数据库依赖于分布式架构支持 HTAP。在进行业务处理请求时,主节点将日志记录复制到从属节点。主存储为行存储,一部分从属节点作为列存储服务器。业务以分布式方式处理,以实现高扩展性;复杂的查询则在列存储服务器节点中进行,因此该数据库的工作负载隔离级别很高。由于更新的数据可能未及时合并到列存储,所以数据新鲜度较低。

(3)磁盘行存储+分布式列存储

此类数据库依赖于磁盘的 RDBMS 和分布式内存列存储(IMCS)支持 HTAP。RDBMS 保留了 OLTP 工作负载的全部容量,并深度集成了 IMCS 集群以加速查询处理。它的负载隔离性高,但数据新鲜度较低。

(4)主列存储+增量行存储

此类数据库依赖于主列存储作为 OLAP 的基础,并使用增量行存储处理 OLTP。全部数据存储在主列存储中,数据更新存储到基于行的增量存储中。由于列存储是高度重新优化的,OLAP 性能较高。OLTP 的扩展性很低,因为它的工作负载只有一个增量行存储。该数据库技术负载隔离性不高,但数据新鲜度较高。

4.4.3　HTAP 技术

HTAP 技术包括事务处理、分析处理、数据同步、查询优化、资源调度。最先进的 HTAP 数据库技术会采用这些关键技术。下面我们简单介绍 HTAP 技术的相关内容。

(1)事务处理

HTAP 数据库中的 OLTP 工作负载是通过行存储来存储的。其主要包括两种关键技术:①MVCC+日志记录:每个数据插入首先写入日志和行存储,再附加到内存中的增量存储。更新数据会创建一个有时间戳的新版本的行,旧版本在删除位图中标记为删除行。②2PC+Raft+日志:依赖于分布式体系结构。ACID 业务在分布式节点上使用

two-phase 提交协议、基于 Raft 的共识算法和预写日志技术进行处理,通过分布式业务处理提供了高扩展性。

(2)分析处理

在 HTAP 数据库中,OLAP 工作负载使用面向列的技术来执行,主要包含以下三个关键技术:①内存增量和列扫描,它扫描内存中最近更新的增量元组和列数据,因此 OLAP 的数据新鲜度很高;②基于日志的增量和列扫描,扫描日志的增量数据和列数据,以获取传入查询,过程较为复杂、费用高昂;③列扫描,它只扫描列数据而不读取任何增量数据,因此效率较高,但也会导致数据新鲜度较低。

(3)数据同步

在进行业务处理过程中读取增量数据的代价很大,所以定期将更新数据合并到主列存储中是非常有必要的。其主要包括三种关键技术:①内存增量合并,定期将新传到内存的更新数据合并到主列存储;②将基于磁盘的增量合并到主列存储,使用 B+树对增量数据进行索引,通过键有效定位增量项,加快合并过程;③从主行存储重建内存列存储,常用于数据更新超过某个阈值的情况,这种方法比合并具有较大内存占用的更新更有效。

(4)查询优化

它主要包含三个关键技术:①HTAP 的列选择,依赖于历史工作负载和统计信息选择从主存中提取频繁访问的列到内存中;②混合行/列扫描,将复杂的查询分解为在行存储区或列存储区上执行,然后组合结果;③HTAP 的 CPU/GPU 加速,利用 CPU 任务的并行性和 GPU 数据的并行性来处理 OLTP 和 OLAP。

(5)资源调度

在 HTAP 数据库中,资源调度指的是 OLTP 和 OLAP 工作负载的资源分配。其主要包括两种关键技术:①工作负载驱动方法,根据执行的工作负载的性能调整 OLTP 和 OLAP 任务的并行线程;②新鲜度驱动方法,是为 OLTP 和 OLAP 切换资源分配和数据交换的执行模式。

习题 4

1.简述 OLAP 的定义和特性。

2.简述多维数据集的概念。

3.简述 OLAP 与 OLTP 的区别与联系。

4.使用 OLAP 进行数据分析的方法有哪些?

5.为什么要使用 OLAP 进行多维数据分析?

6.说明 OLAP 的多维分析的切片操作的目的。

7.说明 OLAP 的多维分析的钻取操作的目的。

8.OLAP 可分为哪几类?

9.MOLAP 和 ROLAP 在 OLAP 的数据存储中各有什么特点?

5 关联规则挖掘 ■■■■

关联规则挖掘(Association Rule Mining)又称为关联分析,它是数据挖掘中的一个重要的、高度活跃的分支,目标是发现事务数据库中不同项之间的关联或相互关系,这些联系构成的规则可以帮助用户找出某些行为特征,以便进行企业决策。

本章详细介绍关联规则挖掘原理、关联规则挖掘的 Apriori 算法、关联规则的评价方法以及关联规则的其他挖掘方法。

5.1 关联规则挖掘原理

5.1.1 关联规则及其度量

5.1.1.1 事务数据库

关联规则挖掘的对象是事务数据库(Transaction Database),事务数据库的定义如下。

定义 5.1 设 $I = \{i_1, i_2, \cdots, i_m\}$ 是一个全局项的集合,其中 $i_j(1 \leqslant j \leqslant m)$ 是项(Item)的唯一标识,j 表示项的序号。事务数据库 $D = \{t_1, t_2, \cdots, t_n\}$ 是一个事务(Transaction)的集合,每个事务 $t_i(1 \leqslant i \leqslant n)$ 都对应 I 上的一个子集,其中 t_i 是事务的唯一标识,i 表示事务的序号。

定义 5.2 由 I 中部分或全部项构成的一个集合称为项集(Itemset),任何非空项集中均不含有重复项。

若 I 包含 m 个项,那么可以产生 2^m 个子项集。例如,$I = \{i_1, i_2, i_3\}$,可以产生的子项集为 $\{\}, \{i_1\}, \{i_2\}, \{i_3\}, \{i_1, i_2\}, \{i_1, i_3\}, \{i_2, i_3\}, \{i_1, i_2, i_3\}$,共有 $2^3 = 8$ 个,其中有 7 个非空子项集。

关联规则挖掘最早是于 1993 年由 Agrawal 等人针对购物篮问题提出的,其目的是通过发现顾客放入购物篮中不同商品之间的联系,进而分析顾客的购物习惯,了解哪些商品频繁地被顾客同时购买,即事务数据库中顾客购买的商品之间的关联规则。设 I 是全部商品的集合,D 是所有顾客的购物清单,每个元组即事务是一次购买商品的集合。

表 5.1 是一个购物事务数据库的示例,其中 $I = \{$面包,牛奶,谷类,糖,鸡蛋,黄油$\}$,若编码为 $i_1 = $面包,$i_2 = $牛奶,$i_3 = $谷类,$i_4 = $糖,$i_5 = $鸡蛋,$i_6 = $黄油,则 $I = \{i_1, i_2, i_3, i_4,$

$i_5, i_6\}$。$D = \{t_1, t_2, t_3, t_4, t_5, t_6\}$，$t_1 = \{$面包，牛奶$\}$ 或 $\{i_1, i_2\}$，$\cdots$，$t_5 = \{$面包，牛奶，谷类，黄油$\}$ 或 $\{i_1, i_2, i_3, i_6\}$。

在这里，一个项集表示同时购买的商品的集合，例如，$I_1 = \{$面包，牛奶$\}$ 表示同时购买面包和牛奶的集合。

表 5.1 一个购物事务数据库 D

TID	购买商品的列表	编码后的商品列表
t_1	$\{$面包，牛奶$\}$	$\{i_1, i_2\}$
t_2	$\{$面包，谷类，糖，鸡蛋$\}$	$\{i_1, i_3, i_4, i_5\}$
t_3	$\{$牛奶，谷类，糖，黄油$\}$	$\{i_2, i_3, i_4, i_6\}$
t_4	$\{$面包，牛奶，谷类，糖$\}$	$\{i_1, i_2, i_3, i_4\}$
t_5	$\{$面包，牛奶，谷类，黄油$\}$	$\{i_1, i_2, i_3, i_6\}$

5.1.1.2 关联规则

关联规则表示项之间的关系，是形如 $X \rightarrow Y$ 的蕴涵表达式，即 X 决定 Y，其中 X 和 Y 是两个不相交的项集，即 $X \cap Y = \varnothing$，X 称为规则的**前件**，Y 称为规则的**后件**。

例如，关联规则"$\{$面包，牛奶$\} \rightarrow \{$黄油$\}$"表示的含义是购买面包和牛奶的人也会购买黄油，它的前件是"$\{$面包，牛奶$\}$"，后件是"$\{$黄油$\}$"，有时也表示为"面包，牛奶 $\rightarrow$ 黄油"或"面包 and 牛奶 $\rightarrow$ 黄油"等形式。

通常关联规则的强度可以用它的支持度（$Support$）和置信度（$Confidence$）来度量。

5.1.1.3 支持度

定义 5.3 给定一个全局项集 I 和事务数据库 D，一个项集 $I_1 \subseteq I$ 在 D 上的支持度是包含 I_1 的事务在 D 中所占的百分比，即

$$Support(I_1) = \frac{|\{t_i \mid I_1 \subseteq t_i, t_i \in D|\}|}{|D|} \tag{5.1}$$

其中，$|\cdot|$ 表示 $\cdot$ 集合的计数，即其中元素的个数。

对于形如 $X \rightarrow Y$ 的关联规则，其支持度定义为：

$$Support(X \rightarrow Y) = \frac{D \text{中包含有} X \cup Y \text{的元组数}}{D \text{中的元组总数}} \tag{5.2}$$

采用概率的形式等价地表示为：

$$Support(X \rightarrow Y) = P(X \cup Y) \tag{5.3}$$

其中，$P(X \cup Y)$ 表示 $X \cup Y$ 项集的概率。由于 $X \cup Y = Y \cup X$，显然有 $Support(X \rightarrow Y) = Support(Y \rightarrow X)$。

例如，在表 5.1 的事务数据库 D 中，元组总数 $n = 5$，同时包含 i_1 和 i_2 的元组数为 3，则 $Support(i_1 \rightarrow i_2) = Support(i_2 \rightarrow i_1) = 3/5 = 0.6$。

支持度是用于评估项集重要性的指标，可以用来过滤出现频率较低的项集。支持度越高，说明该项集在数据集中出现的频率越高，从而意味着该项集对数据集整体规律性的代表性更强。相反，支持度越低，说明该项集在数据集中出现的频率越低，从而意味着该项集对数据集整体规律性的代表性更弱。在实际情况中，低支持度的关联规则

在多数情况下是没有意义的。例如,顾客很少同时购买 a、b 商品,想通过对 a 商品或 b 商品促销(降价)来提高另一种商品的销售量是不可能的。

5.1.1.4 置信度

定义 5.4 给定一个全局项集 I 和事务数据库 D,一个定义在 I 和 D 上的关联规则形如 $X \rightarrow Y$,其中 $X, Y \in I$ 且 $X \cap Y = \varnothing$,它的置信度(可信度、信任度)是指包含 X 和 Y 的元组数与包含 X 的元组数之比,即

$$Confidence(X \rightarrow Y) = \frac{D \text{中包含有} X \cup Y \text{的元组数}}{D \text{中仅包含} X \text{的元组数}} \qquad (5.4)$$

采用概率的形式等价地表示为:

$$Confidence(X \rightarrow Y) = P(Y \mid X) \qquad (5.5)$$

其中,$P(Y \mid X)$ 表示 Y 在给定 X 下的条件概率。

置信度的确定是通过规则进行推理的,因此具有可靠性。对于规则 $X \rightarrow Y$,置信度越高,Y 在包含 X 的事务中出现的可能性越大。

显然 $Confidence(X \rightarrow Y)$ 与 $Confidence(Y \rightarrow X)$ 不一定相等。

例如,在表 5.1 的事务数据库 D 中,同时包含 i_1 和 i_4 的元组数为 2,仅包含 i_1 的元组数为 4,仅包含 i_4 的元组数为 3,则 $Confidence(i_1 \rightarrow i_4) = 2/4 = 0.5$, $Confidence(i_4 \rightarrow i_1) = 2/3 \approx 0.67$。这样就有 $Confidence(i_4 \rightarrow i_1) > Confidence(i_1 \rightarrow i_4)$,也就是说,规则 $i_4 \rightarrow i_1$ 比 $i_1 \rightarrow i_4$ 有更大的可能性。

对于形如 $X \rightarrow Y$ 的关联规则,$Support(X \rightarrow Y) \leqslant Confidence(X \rightarrow Y)$ 总是成立的。

定义 5.5 给定 D 上的最小支持度和最小置信度,分别称为**最小支持度阈值**(记为 Min_Sup)和**最小置信度阈值**(记为 Min_Conf),同时满足最小支持度阈值和最小置信度阈值的关联规则称为**强关联规则**,也就是说,若某关联规则的最小支持度≥Min_Sup、最小置信度≥Min_Conf,则它为强关联规则。

说明:对于一个规则 $X \rightarrow Y$,若支持度太小,表示 X、Y 同时出现的概率很小,关注它们没有太大意义。若置信度太小,表示 X、Y 相互影响的概率很小(更准确地说是 X 影响 Y 的程度低),同样,关注它们也没有太大意义。也就是说,强关联规则就是 X、Y 同时出现的概率大而且 X 影响 Y 的程度高的规则。

5.1.1.5 频繁项集

定义 5.6 给定全局项集 I 和事务数据库 D,对于 I 的非空项集 I_1,若其支持度大于或等于最小支持度阈值 Min_Sup,则称 I_1 为**频繁项集**(Frequent Itemset)。

一般地,项集支持度是一个 0 ~ 1 的数值,由于计算项集支持度时,所有分母是相同的,所以可以用分子即该项集出现的次数来代表支持度,称为**支持度计数**。

例如,对于表 5.1 的事务数据库 D,若最小支持度阈值 Min_Sup = 3,则{面包,糖}不是频繁项集,因为它在 D 中仅仅出现 2 次,其支持度计数小于 Min_Sup;而{面包,牛奶}是频繁项集,因为它在 D 中出现 3 次,其支持度计数等于 Min_Sup。

定义 5.7 对于 I 的非空项集 I_1,若项集 I_1 中包含 I 中的 k 个项,则称 I_1 为 k-项集。若 k-项集 I_1 是频繁项集,称为**频繁 k-项集**。显然,一个项集是否频繁,需要通过事务数

据库 D 来判断。

例如,对于表5.1的事务数据库 D,若最小支持度阈值 Min_Sup = 3,则{面包,糖}是一个非频繁2-项集,而{面包,牛奶}是一个频繁2-项集。

5.1.2 关联规则挖掘基本过程

对于事务数据库 D,关联规则挖掘就是找出 D 中的强关联规则,通常情况下采用以下两个判断标准:

(1)最小支持度(包含):表示规则中的所有项在事务数据库 D 中同时出现的频度应满足的最小频度。

(2)最小置信度(排除):表示规则中前件项的出现暗示后件项出现的概率应满足的最小概率。

强关联规则挖掘的两个基本步骤如下:

(1)找频繁项集:通过用户给定最小支持度阈值 Min_Sup,寻找所有频繁项集,即仅保留大于或等于最小支持度阈值的项集。

(2)生成强关联规则:通过用户给定最小置信度阈值 Min_Conf,在频繁项集中寻找关联规则,即删除不满足最小置信度阈值的规则。

其中(1)是目前研究的重点。找频繁项集最简单的算法如下。

算法5.1　**输入**:全局项集 I,事务数据库 D 和最小支持度阈值 Min_Sup。

输出:所有频繁项集集合 L。

方法:其过程描述如下:

```
n = |D| ;
for( I 的每个子集 c )
{      i = 0;
       for( 对于 D 中的每个事务 t )
       {   if ( c 是 t 的子集 )
           i++;
       }
       if ( i/n ≥ Min_Sup )
       L=L∪{c} ;
}
```

上述算法采用穷举法的思想求解。

5.2 Apriori 算法

Apriori 算法是 Agrawal 等人于1993年提出的一种经典的生成关联规则的频繁项集挖掘算法。该算法改进了上述求频繁项集的简单低效算法,采用逐层搜索策略(层次搜索策略)产生所有的频繁项集,并利用 Apriori 性质排除非频繁项集。该算法主要是用来挖掘关联规则,即从一个事务数据集中发现频繁项集并推出关联规则,该算法名字源于此算法基于先验知识而来,即根据前一次找到的频繁项集来生成本次的频繁项集。

Agrawal 等人在研究事务数据库关联规则挖掘的过程中,发现了关于项集的两个基本性质:频繁项集的子集一定是频繁项集,非频繁项集的超集也一定是非频繁项集。

下面以定理的形式给出这两个性质,并予以详细证明。

定理 5.1 (频繁项集性质 1):如果 X 是频繁项集,则它的任何非空子集 X' 也是频繁项集。

证明:设 X 是一个项集,对 X 的任一非空子集 $X' \subset X$,

如果 $X \subseteq d$,则有 $X' \subset X \subseteq d \in D$,因此

$$| \{d | X' \subseteq d \in D\} | \geqslant | \{d | X \subseteq d \in D\} |$$

即

$$| \{d | X' \subseteq d \in D\} | / |D| \geqslant | \{d | X \subseteq d \in D\} | / |D|$$

根据 $Support(X) = | \{d | X \subseteq d \in D\} | / |D|$ 的定义,有 $Support(X') \geqslant Support(X)$。又因为 X 是频繁项集,即

$$Support(X) \geqslant MinC$$

所以

$$Support(X') \geqslant Support(X) \geqslant MinC$$

故 X' 也是频繁项集。

定理 5.2 (频繁项集性质 2):如果 X 是非频繁项集,则它的所有超集都是非频繁项集。

证明:设 X 是一个项集,X 的任一超集为 Y,即 $X \subset Y, Y \subseteq d$,则有 $X \subset Y \subseteq d \in D$,因此 $| \{d | X \subseteq d \in D\} | \geqslant | \{d | Y \subseteq d \in D\} |$,因此有

$$| \{d | Y \subseteq d \in D\} | / |D| \leqslant | \{d | X \subseteq d \in D\} | / |D|$$

根据 $Support(X) = | \{d | X \subseteq d \in D\} | / |D|$ 的定义,有 $Support(Y) \leqslant Support(X)$。

根据假设 X 不是频繁项集,即 $Support(X) < MinS$,因此

$$Support(Y) \leqslant Support(X) < MinS$$

即

$$Support(Y) < MinS$$

故 Y 不是频繁项集。

Apriori 算法的基本思路是采用层次搜索迭代方法,由候选 $(k-1)$-项集来寻找候选 k-项集,并逐一判断产生的候选 k-项集是否是频繁的,在具体实现过程中将关联规则的挖掘过程分为以下两个步骤:

(1)发现频繁项集

根据用户给定的最小支持度 $MinS$,找出所有的频繁项集,即支持度 $Support$ 不低于 $MinS$ 的所有项集。由于这些频繁项集之间可能存在包含关系,因此,我们可以只关心所有的最大频繁项集,也就是那些不被其他频繁项集所包含的所有频繁项集。

(2)产生关联规则

根据用户给定的最小置信度 $MinC$,在每个最大的频繁项集中,寻找置信度

Confidence 不小于 *MinC* 的关联规则。

5.2.1 发现频繁项集

对于有 m 个项目的全局项集 I，它共有 (2^m-1) 个非空子集，若事务数据库 D 中有 n 个事务，则对于每一个事务 d_j 都要检查它是否包含这 (2^m-1) 个子集，其时间复杂度为 $O(n2^m)$。因此，当 m 很大时，关联规则挖掘的时间开销往往是巨大的。

为方便 Apriori 算法的描述，对全局项集 I 和事务数据库 D，我们引入以下几个有关的概念和符号：

（1）候选频繁项集：最有可能成为频繁项集的项集。

（2）C_k：所有候选频繁 k-项集构成的集合。

（3）L_k：所有频繁 k-项集构成的集合。

（4）C_m^k：I 中所有 k-项集构成的集合。

显然，通过扫描事务数据库 D 很容易找出其中的所有候选 1-项集，并判断它们是否为频繁 1-项集，即 C_1 和 L_1 的计算比较容易。

根据定理 5.1 关于频繁项集的非空子集一定是频繁项集的性质，利用已知的频繁 k-项集构成的集合 L_k，容易构造出所有候选 $(k+1)$-项集的集合 C_{k+1}，再通过扫描事务数据库，从候选频繁项集 C_{k+1} 中找出频繁 $(k+1)$-项集的集合 $L_{k+1}(k=1,2,\cdots,m-1)$。

因此，综合前面的分析可知 $L_k \subseteq C_k \subseteq C_m^k (k=1,2,\cdots,m)$。

这样，在寻找所有频繁 k-项集构成的集合 L_k 时，只需要计算候选频繁 k-项集构成的集合 C_k 中每个项集的支持度，而不必计算 I 中所有 C_m^k 个不同的 k-项集的支持度，这在一定程度上减少了算法的计算量。

通过以上分析可知，Apriori 算法的频繁项集发现算法的基本过程如下。

算法 5.2 Apriori 算法的频繁项集发现算法。

输入：全局项集 I，事务数据库 D，最小支持数 *MinSptN*。

输出：所有频繁项集构成的集合 L。

（1）求 L_1：

①通过扫描事务数据库 D，找出所有 1-项集并计算其支持数作为候选频繁 1-项集 C_1。

②从 C_1 中删除低于最小支持数 *MinSptN* 的元素，得到所有频繁 1-项集所构成的集合 L_1。

（2）FOR $k=1,2,3,\cdots$

（3）连接：将 L_k 进行自身连接生成一个候选频繁 $(k+1)$-项集构成的集合 C_{k+1}，其连接方式如下：

对任意 $p,q \in L_k$，若按字典序有

$$p=\{p_1,p_2,\cdots,p_{k-1},p_k\}, q=\{q_1,q_2,\cdots,q_{k-1},q_k\} \text{ 且满足 } p_k<q_k$$

则把 $p、q$ 连接成 $(k+1)$-项集，即将 $p \oplus q = \{p_1,p_2,\cdots,p_{k-1},p_k,q_k\}$ 作为候选 $(k+1)$-项集 C_{k+1} 中的元素。

（4）剪枝：删除 C_{k+1} 中明显的非频繁 $(k+1)$-项集，即当 C_{k+1} 中一个候选 $(k+1)$-项集

的某个 k-项集不是 L_k 中的元素时,则将它从 C_{k+1} 中删除。

(5)算支持数:通过扫描事务数据库 D,计算 C_{k+1} 中各个元素的支持数。

(6)求 L_{k+1}:剔除 C_{k+1} 中低于最小支持数 $MinSptN$ 的元素,即得到所有频繁 $(k+1)$-项集构成的集合 L_{k+1}。

(7)若 $L_{k+1}=\varnothing$,则转第(9)步。

(8)END FOR。

(9)令 $L=L_2\cup L_3\cup\cdots\cup L_k$,并输出 L。

例 5.1 如表 5.2 所示的交易数据库,其全局项集 $I=\{i_1,i_2,i_3,i_4,i_5\}$,设最小支持度 $MinS=0.4$,请找出所有的频繁项集。

表 5.2 有 5 条记录的事务数据库

D_{id}	顾客 id	购买的商品
d_1	c_{01}	i_1,i_2,i_3,i_4
d_2	c_{02}	i_2,i_3,i_5
d_3	c_{02}	i_1,i_2,i_3,i_5
d_4	c_{03}	i_2,i_4,i_5
d_5	c_{03}	i_1,i_2,i_3,i_4

解:因为最小支持度 $MinS=0.4$,而事务数据库有 5 条记录,所以最小支持数 $MinSptN=2$。

根据 Apriori 的频繁项集发现算法,其具体计算步骤如下。

算法(1)求 L_1:根据算法第(1)步的计算方法,候选频繁 1-项集及其支持数计算结果详见表 5.3 中左侧部分。由于用户指定的最小支持数 $MinSptN=2$,因此可知所有 1-项集都是频繁的,故得频繁 1-项集的集合 L_1,详见表 5.3 右侧部分。

表 5.3 候选频繁 1-项集的集合 C_1 和频繁 1-项集的集合 L_1

C_1 L_1

1-项集	支持数	1-项集	支持数
$\{i_1\}$	3	$\{i_1\}$	3
$\{i_2\}$	5	$\{i_2\}$	5
$\{i_3\}$	4	$\{i_3\}$	4
$\{i_4\}$	3	$\{i_4\}$	3
$\{i_5\}$	3	$\{i_5\}$	3

第一轮循环:对 L_1 执行算法的第(3)步至第(7)步。

算法(3)连接:根据算法,由表 5.4 右侧两列所示,对 L_1 自身连接生成候选频繁 2-项集的集合 C_2,其结果由表 5.4 左侧第一列给出,且已经按字典序排列。

算法(4)剪枝:由于 I 中所有 1-项集都是频繁的,因此 C_2 无须进行剪枝过程。

算法(5)算支持数:扫描事务数据库,计算每个候选频繁 2-项集的支持数,并将其填入表 5.4 左侧的第二列。

算法(6)求 L_2:由于最小支持数 $MinSptN=2$,因此将 C_2 中支持数小于 2 的两个 2-项

集 $\{i_1,i_5\}$，$\{i_4,i_5\}$ 删除，得到频繁 2-项集的集合 $L_2 \ne \varnothing$，详见表 5.4 右侧两列。

表 5.4　候选频繁 2-项集的集合 C_2 和频繁 2-项集的集合 L_2

C_2

2-项集	支持数
$\{i_1,i_2\}$	3
$\{i_1,i_3\}$	3
$\{i_1,i_4\}$	2
$\{i_1,i_5\}$	1
$\{i_2,i_3\}$	4
$\{i_2,i_4\}$	3
$\{i_2,i_5\}$	3
$\{i_3,i_4\}$	2
$\{i_3,i_5\}$	2
$\{i_4,i_5\}$	1

L_2

2-项集	支持数
$\{i_1,i_2\}$	3
$\{i_1,i_3\}$	3
$\{i_1,i_4\}$	2
$\{i_2,i_3\}$	4
$\{i_2,i_4\}$	3
$\{i_2,i_5\}$	3
$\{i_3,i_4\}$	2
$\{i_3,i_5\}$	2

第二轮循环：对 L_2 执行算法的第(3)步至第(7)步。

算法(3)连接：根据算法，由 L_2 自身连接生成候选频繁 3-项集的集合 C_3，详细结果由表 5.5 左侧第一列给出，且已经按字典序排列。

算法(4)剪枝：对于 C_3 中的每个 3-项集，比如 $\{i_2,i_4,i_5\}$，考察它的所有 2-项集 $\{i_2,i_4\}$，$\{i_2,i_5\}$，$\{i_4,i_5\}$。如果有一个 2-项集不在 L_2 中，则 $\{i_2,i_4,i_5\}$ 是非频繁的，就将其从 C_3 中剪枝。由于 $\{i_4,i_5\}$ 不是频繁 2-项集，所以将 $\{i_2,i_4,i_5\}$ 从 C_3 中删除，同理，也将 $\{i_3,i_4,i_5\}$ 从 C_3 中删除。

算法(5)算支持数：扫描事务数据库，计算每个候选频繁 3-项集的支持数，并填入表 5.5 左侧的第二列。注意，表中最后 2 个 3-项集已经在第(4)步被剪枝删除，因此无须计算支持数。

算法(6)求 L_3：由于最小支持数 $MinSptN = 2$，因此 C_3 中前面 5 个 3-项集都是频繁 3-项集，并构成频繁 3-项集的集合 $L_3 \ne \varnothing$，详见表 5.5 右侧两列。

表 5.5　候选频繁 3-项集的集合 C_3 和频繁 3-项集的集合 L_3

C_3

3-项集	支持数
$\{i_1,i_2,i_3\}$	3
$\{i_1,i_2,i_4\}$	2
$\{i_1,i_3,i_4\}$	2
$\{i_2,i_3,i_4\}$	2
$\{i_2,i_3,i_5\}$	2
$\{i_2,i_4,i_5\}$	剪枝
$\{i_3,i_4,i_5\}$	剪枝

L_3

3-项集	支持数
$\{i_1,i_2,i_3\}$	3
$\{i_1,i_2,i_4\}$	2
$\{i_1,i_3,i_4\}$	2
$\{i_2,i_3,i_4\}$	2
$\{i_2,i_3,i_5\}$	2

第三轮循环:对 L_3 执行算法的第(3)步至第(7)步。

算法(3)连接:根据算法,由表5.5右侧两列所示 L_3 自身连接生成候选频繁4-项集的集合 C_4,详细结果由表5.6左侧第一列给出,且已经按字典序排列。

算法(4)剪枝:对于 C_4 中的每个4-项集,考察它的所有3-项集,如果有一个3-项集不是频繁的,则将其从 C_4 中删除。由于 $\{i_3,i_4,i_5\}$ 没有出现在表5.5右侧,即它不是频繁3-项集,所以 $\{i_2,i_3,i_4,i_5\}$ 不可能是频繁4-项集,所以将其从 C_4 中剪枝删除。

算法(5)算支持数:扫描事务数据库,计算每个候选频繁4-项集的支持数,并填入表5.6左侧的第2列。

算法(6)求 L_4:由于最小支持数 $MinSptN=2$,因此 C_4 中唯一候选频繁4-项集构成频繁4-项集的集合 $L_4 \neq \varnothing$,结果详见表5.6右侧两列。

第四轮循环:对 L_4 执行算法的第(3)步至第(7)步。

由于 L_4 仅有一个4-项集,故不能生成候选频繁5-项集 C_5,因此 $L_5=\varnothing$,转第(9)步。

表5.6　候选频繁4-项集的集合 C_4 和频繁4-项集的集合 L_4

C_4

4-项集	支持数
$\{i_1,i_2,i_3,i_4\}$	2
$\{i_2,i_3,i_4,i_5\}$	剪枝

L_4

4-项集	支持数
$\{i_1,i_2,i_3,i_4\}$	2

算法(9)输出:

$L=L_2 \cup L_3 \cup L_4$

$=\{\{i_1,i_2\},\{i_1,i_3\},\{i_1,i_4\},\{i_2,i_3\},\{i_2,i_4\},\{i_2,i_5\},\{i_3,i_4\},\{i_3,i_5\}\} \cup$
$\{\{i_1,i_2,i_3\},\{i_1,i_2,i_4\},\{i_1,i_3,i_4\},\{i_2,i_3,i_4\},\{i_2,i_3,i_5\}\} \cup$
$\{\{i_1,i_2,i_3,i_4\}\}$

例5.2　对于频繁项集构成的集合 L,请求出它的最大频繁项集的集合。

解:根据定义, L 中的最大频繁项集一定不是其他任何频繁项集的子集。因此,可以采用枚举法来寻找 L 中的最大频繁项集,即检查 L 中的每一个频繁项集是否包含在某个频繁项集之中。如果它不包含在其余的任何频繁项集之中,那它就是一个最大频繁项集,否则它就不是,计算过程如下:

(1)因为 L 中只有一个频繁4-项集 $\{i_1,i_2,i_3,i_4\}$,故它不可能是 L 中其他频繁2-项集、频繁3-项集的子集,所以它是一个最大频繁项集。

(2)对于 $\{i_2,i_3,i_5\}$,因为它不是 $\{i_1,i_2,i_3,i_4\}$ 的子集,也不是频繁项集 L 中其他3-项集的子集,更不可能是其他频繁2-项集的子集,所以 $\{i_2,i_3,i_5\}$ 是一个最大频繁项集。

(3)因为 $\{i_1,i_2,i_3\}$,$\{i_1,i_2,i_4\}$,$\{i_1,i_3,i_4\}$,$\{i_2,i_3,i_4\}$ 都是 $\{i_1,i_2,i_3,i_4\}$ 的子集,所以它们都不是最大频繁项集。

(4)因为 $\{i_1,i_2\}$,$\{i_1,i_3\}$,$\{i_1,i_4\}$,$\{i_2,i_3\}$,$\{i_2,i_4\}$,$\{i_3,i_4\}$ 都是 $\{i_1,i_2,i_3,i_4\}$ 的子集,所以它们都不是最大频繁项集。

(5)因为 $\{i_2,i_5\}$,$\{i_3,i_5\}$ 都是 $\{i_2,i_3,i_5\}$ 的子集,所以它们也都不是最大频繁项集。

综上可知, L 中有2个最大频繁项集,构成集合 $L_{max}=\{\{i_2,i_3,i_5\},\{i_1,i_2,i_3,i_4\}\}$。

5.2.2 产生关联规则

当成功获得所有频繁项集的集合 L 后,就可以通过 L 中的每一个频繁项集产生相应的关联规则。

设 X 为一个项集,$\emptyset \neq Y \subset X$,则 $Y \Rightarrow (X-Y)$ 称为由 X 导出的关联规则。

如果 X 是频繁项集,则它导出的关联规则必定满足最小支持度的要求,即

$$Support(Y \Rightarrow (X-Y)) = Support(X) \geqslant MinS \tag{5.6}$$

因此,只需检查 $Confidence(Y \Rightarrow (X-Y))$ 是否满足最小置信度 $MinC$,即可判断这个规则是否为强关联规则。

由定理 5.1 可知,频繁项集 X 的任一非空子集 Y 和 $(X-Y)$ 都是频繁项集,且 $Support(Y)$ 和 $Support(X-Y)$ 在发现频繁项集的时候已经计算出来,因此不必重新扫描事务数据库,即可方便地得到关联规则 $Y \Rightarrow (X-Y)$ 的置信度,即

$$Confidence(Y \Rightarrow (X-Y)) = \frac{Support(X)}{Support(Y)} \tag{5.7}$$

如果 $Confidence(Y \Rightarrow (X-Y)) \geqslant MinC$,则关联规则 $Y \Rightarrow (X-Y)$ 为强关联规则。

根据前面的分析,我们可以得到关联规则的生成算法。

算法 5.3 Apriori 算法之强关联规则的生成算法。

输入:所有频繁项集构成的集合 L,最小置信度 $MinC$。

输出:所有强关联规则构成的集合 SAR。

(1)$SAR = \emptyset$。

(2)REPEAT。

(3)取 L 中一个未处理元素 X(频繁项集)。

(4)令 $Subsets(X) = \{Y \mid \emptyset \neq Y \subset X\}$

(5)REPEAT:

①取 $Subsets(X)$ 中一个未处理元素 Y,计算 $Confidence(Y \Rightarrow (X-Y))$;

②如果 $Confidence(Y \Rightarrow (X-Y)) \geqslant MinC$,$SAR = SAR \cup (Y \Rightarrow (X-Y))$。

(6)UNTIL $Subsets(X)$ 中每个元素都已经被处理。

(7)UNTIL 集合 L 中每个元素都已经被处理。

(8)输出 SAR。

例 5.3 设最小置信度 $MinC = 0.6$,对于例 5.1 所得到的频繁项集的集合

$L = \{\{i_1, i_2\}, \{i_1, i_3\}, \{i_1, i_4\}, \{i_2, i_3\}, \{i_2, i_4\}, \{i_2, i_5\}, \{i_3, i_4\}, \{i_3, i_5\}\} \cup$
$\{\{i_1, i_2, i_3\}, \{i_1, i_2, i_4\}, \{i_1, i_3, i_4\}, \{i_2, i_3, i_4\}, \{i_2, i_3, i_5\}\} \cup$
$\{\{i_1, i_2, i_3, i_4\}\}$

试求出所有的强关联规则。

解:根据关联规则生成算法,首先从 L 中取出第一个频繁 2-项集 $\{i_1, i_2\}$,它有两个非空的真子集 $\{i_1\}$ 和 $\{i_2\}$,可以生成 $\{i_1\} \Rightarrow \{i_2\}$ 和 $\{i_2\} \Rightarrow \{i_1\}$ 两个关联规则。

$Confidence(\{i_1\} \Rightarrow \{i_2\}) = Support(\{i_1, i_2\}) / Support(\{i_1\}) = 3/3 = 1$

$Confidence(\{i_2\} \Rightarrow \{i_1\}) = Support(\{i_1, i_2\}) / Support(\{i_2\}) = 3/5 = 0.6$

因此,$\{i_1\} \Rightarrow \{i_2\}$ 和 $\{i_2\} \Rightarrow \{i_1\}$ 都是强关联规则。

L 中还有 $\{i_1,i_3\}$，$\{i_1,i_4\}$，$\{i_2,i_3\}$，$\{i_2,i_4\}$，$\{i_2,i_5\}$，$\{i_3,i_4\}$，$\{i_3,i_5\}$ 共 7 个频繁 2-项集，可生成 14 个关联规则。这样就完成了 8 个频繁 2-项集对应的 16 个关联规则生成和置信度计算。

L 中有 5 个频繁 3-项集，在这里仅介绍由频繁 3-项集 $\{i_2,i_3,i_5\}$ 生成关联规则及其置信度计算，其余计算请读者自行完成。

对于 $\{i_2,i_3,i_5\}$ 有 6 个非空真子集 $\{i_2\}$，$\{i_3\}$，$\{i_5\}$，$\{i_2,i_3\}$，$\{i_2,i_5\}$，$\{i_3,i_5\}$，根据关联规则生成算法，共可生成 6 个关联规则。

类似地，$\{i_1,i_2,i_3,i_4\}$ 可以导出 $\{i_1\}\Rightarrow\{i_2,i_3,i_4\}$，$\{i_1,i_2\}\Rightarrow\{i_3,i_4\}$ 等 14 个关联规则，请读者自行完成其置信度计算，并找出相应的强关联规则。

通过例 5.3 可以看出，虽然穷举法可以通过枚举频繁项集生成所有的关联规则，并通过关联规则的置信度来判断该规则是否为强关联规则，但当一个频繁项集包含的项很多的时候，就会生成大量的候选关联规则，因为一个频繁项集 X 能够生成 $2^{|X|}-2$ 个候选关联规则。为了避免生成过多的候选关联规则，可以利用以下性质进行剪枝，从而减少工作量。

定理 5.3 （关联规则性质 1）：设 X 为频繁项集，$\varnothing\neq Y\subset X$ 且 $\varnothing\neq Y'\subset Y$。若 $Y'\Rightarrow(X-Y')$ 为强关联规则，则 $Y\Rightarrow(X-Y)$ 也一定是强关联规则。

证明： 设最小置信度为 $MinC$，根据关联规则置信度的定义可知

$$Confidence(Y'\Rightarrow(X-Y'))=Support(X)/Support(Y')=SptN(X)/SptN(Y')$$

$$Confidence(Y\Rightarrow(X-Y))=Support(X)/Support(Y)=SptN(X)/SptN(Y)$$

而由支持度的定义

$$SptN(Y)\leqslant SptN(Y')$$

因此

$$SptN(X)/SptN(Y')\leqslant SptN(X)/SptN(Y)$$

亦即

$$Confidence(Y'\Rightarrow(X-Y'))\leqslant Confidence(Y\Rightarrow(X-Y))$$

因为 $Confidence(Y'\Rightarrow(X-Y'))$ 为强关联规则，即

$$MinC\leqslant Confidence(Y'\Rightarrow(X-Y'))$$

所以

$$MinC\leqslant Confidence(Y'\Rightarrow(X-Y'))\leqslant Confidence(Y\Rightarrow(X-Y))$$

故 $Confidence(Y\Rightarrow(X-Y))$ 也为强关联规则。

例如，令 $X=\{i_2,i_3,i_5\}$ 且已知 $\{i_5\}\Rightarrow\{i_2,i_3\}$ 是强关联规则，根据定理 5.3 可立即得出 $\{i_2,i_5\}\Rightarrow\{i_3\}$ 和 $\{i_3,i_5\}\Rightarrow\{i_2\}$ 都是强关联规则的结论，不需要计算这两个规则的置信度。

定理 5.4 （关联规则性质 2）：设 X 为频繁项集，$\varnothing\neq Y\subset X$ 且 $\varnothing\neq Y'\subset Y$。若 $Y'\Rightarrow(X-Y')$ 不是强关联规则，则 $Y\Rightarrow(X-Y)$ 也不是强关联规则。

例如，令 $X=\{i_2,i_3,i_5\}$ 且已知 $\{i_2\}\Rightarrow\{i_3,i_5\}$ 不是强关联规则，根据定理 5.4 可立即得出 $\{i_2,i_5\}\Rightarrow\{i_3\}$ 和 $\{i_2,i_3\}\Rightarrow\{i_5\}$ 都不是强关联规则的结论，不需要计算这两个规则的置信度。

因此，在 Apriori 算法实现时，我们可以逐层生成关联规则，并利用上述两个关联规

则的性质进行剪枝,来减少关联规则生成的计算工作量。其基本思路是,首先产生后件只包含一个项的关联规则,然后两两合并这些关联规则的后件,生成后件包含两个项的候选关联规则,从这些候选关联规则中再找出强关联规则,依此类推。

例如,设 $\{i_1, i_2, i_3, i_4\}$ 是频繁项集,$\{i_1, i_3, i_4\} \Rightarrow \{i_2\}$ 和 $\{i_2, i_3, i_4\} \Rightarrow \{i_1\}$ 是两个关联规则,合并它们的后件生成候选规则的后件 $\{i_1, i_2\}$,则候选规则的前件为 $\{i_1, i_2, i_3, i_4\} - \{i_1, i_2\} = \{i_3, i_4\}$,由此即得到候选规则 $\{i_3, i_4\} \Rightarrow \{i_1, i_2\}$。

5.3 关联规则的评价方法

大部分的关联规则挖掘算法采用"支持度-置信度"的检测框架。尽管最小支持度阈值和最小置信度阈值有助于大量无趣规则的探查,但仍然会产生一些用户不感兴趣的规则,特别是当使用低支持度阈值挖掘或挖掘长模式时,这种情况特别严重。这是关联规则挖掘应用的主要瓶颈之一。所以,有必要建立一套能够被广泛接受的关联规则质量评价标准。一般来说,可以从主观和客观两个方面来进行评价。

5.3.1 主观标准

以决策者的主观知识或结合决策领域专家的先验知识等建立评价标准,称为**主观兴趣度**。例如,关联规则:{黄油} $\Rightarrow$ {面包} 有很高的支持度和置信度,但是它表示的联系连超市的普通员工都觉得显而易见,因此这不是有趣的。然而,关联规则:{尿布} $\Rightarrow$ {啤酒} 的确是有趣的,因为这种联系十分出人意料,并且可能为零售商提供新的交叉销售机会。这就是主观兴趣度评价标准的两个实际例子。

5.3.2 客观标准

以统计理论为依据建立的客观标准,称为**客观兴趣度**。客观兴趣度以数据本身推导出的统计量来确定规则是否是有趣的。客观标准又称为**客观度量**,包括支持度、置信度、提升度等。

5.3.2.1 支持度和置信度的不足

支持度这个客观兴趣度指标反映了关联规则是否具有普遍性,支持度高说明这条规则适用于事务数据库中的大部分事务。置信度则反映了关联规则的可靠性,置信度高说明如果满足了关联规则的前件,同时满足后件的可能性也非常大。

大部分的关联规则挖掘算法使用"支持度+置信度"的检测框架。尽管在生成关联规则的过程中,利用支持度和置信度进行剪枝,可以极大地减少生成的关联规则数量,但是不能完全依赖提高支持度和置信度的阈值来筛选出有价值的关联规则。

支持度过高会导致一些潜在的有价值的关联规则丢失。例如,在商场的销售记录中,奢侈品的销售记录显然只占有很小的比例,因此有关奢侈品的关联规则或购买记录就会因其支持度过低而无法被发现。然而由于奢侈品利润高,其购买模式对于商城来说非常重要。但是如果使用过低的支持度阈值进行挖掘,就会产生太多的关联规则,其中有些可能是虚假的规则,会使决策者无所适从,导致更难以遴选出真正有价值的规则,所以置信度在某些情况下不能正确反映前件和后件之间的联系。

为了说明支持度和置信度在关联规则中存在的不足,我们基于 2 个项集 A 和 B(也称二元变量 A、B)的相依表的计算结果来分析说明,如表 5.7 所示。

表 5.7 项集 A 和 B 的相依表

项目	B	$\bar{B}$	合计
A	n_{11}	n_{10}	n_{1+}
$\bar{A}$	n_{01}	n_{00}	n_{0+}
合计	n_{+1}	n_{+0}	N

表中的记号 $\bar{A}$ 表示项集 A 没有在事务中出现。n_{ij} 为支持数:n_{11} 表示同时包含 A 和 B 的事务个数;n_{01} 表示包含 B 但不包含 A 的事务个数;n_{10} 表示包含 A 但不包含 B 的事务个数;n_{00} 表示既不包含 A 也不包含 B 的事务个数;n_{1+} 表示 A 的支持数;n_{+1} 表示 B 的支持数;n_{0+} 表示不包含 A 的支持数;n_{+0} 表示不包含 B 的支持数。而 N 为事务数据库的事务总数。

例 5.4 一个有误导性的"强"关联规则。

假设一个交易数据库有 10 000 个顾客购物的事务,其中有 6 000 个事务中包括"计算机游戏"项目,7 500 个事务中包括"录像机"项目,并且有 4 000 个事务中包括"计算机游戏""录像机"这两个项目。

用 A 表示包含"计算机游戏"的事务,而 B 表示包含"录像机"的事务,用 $A \cap B$ 表示同时包含"计算机游戏""录像机"的事务,则可以得到关于 A 和 B 的相依表,如表 5.8 所示,$A \Rightarrow B$ 就是购买"计算机游戏"同时还购买"录像机"的关联规则。

表 5.8 购买项目"计算机游戏""录像机"的相依表

项目	B	$\bar{B}$	合计
A	4 000	2 000	6 000
$\bar{A}$	3 500	500	4 000
合计	7 500	2 500	10 000

如果给定 $MinS = 0.3$,$MinC = 0.6$,则因为

$$Support(A \Rightarrow B) = \frac{4\ 000}{10\ 000} = 0.4 > MinS$$

$$Confidence(A \Rightarrow B) = \frac{4\ 000}{6\ 000} \approx 0.67 > MinS$$

得出 $A \Rightarrow B$ 是一个强关联规则的结论。

然而,$A \Rightarrow B$ 这个强关联规则是一个虚假的规则,如果商家使用这个规则将会导致

错误,因为购买"录像机"的概率是75%,比置信度67%还高。此外,"计算机游戏""录像机"是负相关的,因为买其中一种商品实际上降低了买另一种商品的可能性。如果没有完全理解这种现象,就很容易根据这种强关联规则做出不明智的商业决策。

5.3.2.2 相关性分析

通过对支持度和置信度的分析可以看出,支持度和置信度等客观度量存在一定的局限性,它们无法筛选掉某些无用的关联规则。因此,可以在支持度和置信度的基础上,增加其他相关性度量来弥补这种局限性。常见的相关性度量有提升度、相关系数和余弦值等。

提升度(Lift)是一种简单的相关性度量。对于项集 A 和 B,如果概率 $P(A \cup B) = P(A)P(B)$,则 A 和 B 是相互独立的,否则它们就存在某种依赖关系。关联规则的前件项集 A 和后件项集 B 之间的依赖关系通过提升度 $Lift(A,B)$ 来表示。

$$Lift(A,B) = P(A \cup B)/(P(A) \times P(B)) = (P(A \cup B)/P(A))/P(B) \quad (5.8)$$

$$Lift(A,B) = \frac{Confidence(A \Rightarrow B)}{Support(B)} \quad (5.9)$$

提升度可以评估项集 A 的出现是否能够促进项集 B 的出现。如果 $Lift(A,B)$ 的值大于1,表示两者存在正相关关系;小于1,表示两者存在负相关关系;等于1,表示两者没有任何相关性。

对于二元变量,提升度等价于被称为兴趣因子(Interest Factor)的客观度量,其定义如下

$$Lift(A,B) = I(A,B) = \frac{Support(A \cup B)}{Support(A) \times Support(B)} = N \times n_{11}/(n_{1+} \times n_{+1})$$

例5.5 对于如表5.8所示的相依表,计算其提升度或兴趣因子。

解: $P(A \cup B) = 4\,000/10\,000 = 0.4$;$P(A) = 6\,000/10\,000 = 0.6$;$P(B) = 7\,500/10\,000 = 0.75$。

$$Lift(A,B) = P(A \cup B)/(P(A) \times P(B)) = 0.4/(0.6 \times 0.75) \approx 0.89$$

由此可知,关联规则 $A \Rightarrow B$,也就是 $\{$计算机游戏$\} \Rightarrow \{$录像机$\}$ 的提升度 $Lift(A,B)$ 小于1,这就说明前件事项 A 与后件事项 B 存在负相关关系。也就是说,如果推广"计算机游戏",会减少"录像机"的购买人数。

例5.6 对于表5.8所示的相依表,计算相关因子。

解: 相关系数 r 的分子等于 $4\,000 \times 500 - 3\,500 \times 2\,000 = 2\,000\,000 - 7\,000\,000 = -5\,000\,000$,相关系数 r 小于0,故购买"计算机游戏"与购买"录像机"两个事件是负相关的。

此外,相关性还可以用余弦值来度量,即

$$r_{cos}(A,B) = \frac{P(A \cup B)}{\sqrt{P(A) \times P(B)}} = \frac{Support(A \cup B)}{\sqrt{Support(A) \times Support(B)}} \quad (5.10)$$

虽然相关性度量可以提高关联规则的可用性,但仍然存在局限性,还需要引入其他客观度量,并分析这些度量的性质。

5.4 | 关联规则挖掘及其算法

5.4.1 FP-tree 算法

FP-tree 算法是事务数据库的一种压缩表示方法。该算法只需要扫描两次事务数据库,其计算主要由以下两个步骤组成:

(1)构造 FP-树

将事务数据库压缩到一棵频繁模式树(Frequent-Pattern Tree,简记 FP-tree 或 FP-树)之中,并让该树保留每个项的支持数和关联信息。

(2)生成频繁项集

由 FP-树逐步生成关于项集的条件树,并根据项集的条件树生成频繁项集。

5.4.1.1 构造 FP-树

FP-树算法需要构造 FP-树,通过该树保留每个项的支持数和关联信息。FP-树通过逐个读入事务,并把每个事务映射为 FP-树中的一个路径,且路径中的每个结点对应该事务中的一个项。不同的事务若有若干个相同的项,则它们在 FP-树中用重叠的路径表示,用结点旁的数字标明该项的重复次数,作为项的支持数。因此,路径相互重叠越多,使用 FP-树结构表示事务数据库的压缩效果就越好。如果 FP-树足够小且能够在内存中存储,则可以从这个内存的树结构中直接提取频繁项集,不必再重复扫描存储在硬盘上的事务数据库。

假设某超市经营 a、b、c、d、e 共 5 种商品,即超市的全局项集 $I = \{a,b,c,d,e\}$,其事务数据库 D 如表 5.9 所示。

下面利用这个事务数据库来构造 FP-树,此处假设最小支持数 $MinS = 2$。

表 5.9　有 10 个事务和 5 种商品的事务数据库

D_{id}	顾客 id	购买商品
d_1	c_{02}	$\{a,b\}$
d_2	c_{05}	$\{b,c,d\}$
d_3	c_{04}	$\{a,c,d,e\}$
d_4	c_{02}	$\{a,d,e\}$
d_5	c_{01}	$\{a,b,c\}$
d_6	c_{04}	$\{a,b,c,d\}$
d_7	c_{03}	$\{a\}$
d_8	c_{02}	$\{a,b,c\}$

续表

D_{id}	顾客 id	购买商品
d_9	c_{01}	$\{a,b,d\}$
d_{10}	c_{06}	$\{b,c,e\}$

FP-树的构造主要分为两步:

(1)生成事务数据库的头表 H

第一次扫描事务数据库 D,确定每个项的支持数,将频繁项按照支持数递减排序,并删除非频繁项,得到 D 的频繁–1 项集 $H=\{i_v:SptN_v|i_v\in I,SptN_v$ 为项目 i_v 的支持数$\}$。现有文献都将 H 称为数据库的头表(Head Table)。

对于表 5.9 所示的事务数据库 D,其头表 $H=\{(a:8),(b:7),(c:6),(d:5),(e:3)\}$,因此,这个 D 中的每个项都是频繁的。

(2)生成事务数据库的 FP-树

第二次扫描事务数据库 D,读出每个事务并构建根结点 $null$ 的 FP-树。

开始时 FP-树仅有一个结点 $null$,然后依次读入 D 的第 r 个事务 $t_r(r=1,2,\cdots,|D|)$。设 t_r 已经删除了非频繁项,而且已经按照头表 H 递减排序为 $\{a_1,a_2,\cdots,a_{i_r}\}$,则生成一条路径 $t_r=null-a_1-a_2-\cdots-a_{i_r}$,并按照以下方式,将其添加到 FP-树中,直到所有事务处理完备。

①如果 FP-树与路径 t_r 没有共同的前缀路径(Prefix Path),即它们从 $null$ 开始,与其余结点没有完全相同的一段子路径,则将 t_r 直接添加到 FP-树的 $null$ 结点上,形成一条新路径,且让 t_r 中的每个项对应一个结点,并用 $a_v:1$ 表示。

②如果 FP-树中存在从根结点开始与路径 t_r 完全相同的路径,即 FP-树中存在从 $null$ 到 a_1 直到 a_{i_r} 的路径,则将 FP-树中该路径上从 a_1 到 a_{i_r} 的每个结点支持数增加 1 即可。

③如果 FP-树与路径 t_r 有共同的前缀路径,即 FP-树中已经有从 $null$ 到 a_1 直到 a_j 的路径,则将 FP-树的结点从 a_1 到 a_j 的支持数增加 1,并将 t_r 从 a_{j+1} 开始的子路径放在 a_j 之后生成新的路径。

④分别读入事务,并将其对应的路径添加到 FP-树中,最后可以得到事务数据库 D 的 FP-树。

例 5.7 对表 5.9 所示的事务数据库 D,假设最小支持数 $MinS=2$,构造它的 FP-树。

解:对应的事务数据库 D 的 FP-树构造主要有以下几个步骤:

(1)生成事务数据库的头表 H

读事务数据库 D,得到头表 $H=\{(a:8),(b:7),(c:6),(d:5),(e:3)\}$,它就是 D 的频繁–1 项集。

(2)生成事务数据库的 FP-树

①首先生成一个仅有 $null$ 结点的 FP-树,并读入第一个事务 $t_1=\{a,b\}$,其项已按支持数递减排序,将对应 $t_1=null-a-b$ 添加到 FP-树中,得到第一条路径[如图 5.1(a)所示]。

②读入第二个事务 $t_2=\{b,c,d\}$ 且项已排序,将对应路径 $t_2=null-b-c-d$ 添加到

FP-树中。由于 t_2 与 FP-树的第一条路径 $t_1 = null - a - b$ 没有共同的前缀项,因此将 t_2 添加到 FP-树中[如图5.1(b)所示]。值得注意的是,尽管 t_2 与 FP-树的第一条路径 t_1 有一个共同项 b,但不是从 $null$ 到 b 的共同前缀。

③读入第三个事务 $t_3 = \{a,c,d,e\}$ 且项已排序,将对应路径 $t_3 = null - a - c - d - e$ 添加到 FP-树中。由于 t_3 与 FP-树的第一条路径 $t_1 = null - a - b$ 有共同的前缀项 $null-a$,因此将结点 a 的前缀项加1,并从结点 a 下生成路径 $c - d - e$ [如图5.1(c)所示]。

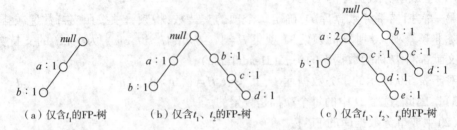

（a）仅含 t_1 的FP-树　　（b）仅含 t_1、t_2 的FP-树　　（c）仅含 t_1、t_2、t_3 的FP-树

图 5.1　由 t_1、t_2、t_3 生成的 FP-树过程

④分别读入事务 t_4 至 t_{10},并将其对应的路径添加到 FP-树中,最后可以得到事务数据库 D 的 FP-树(如图5.2所示)。

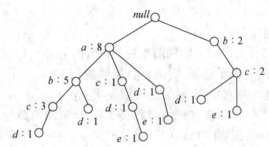

图 5.2　事务数据库 D 的 FP-树

5.4.1.2　生成频繁项集

由于每一个事务都被映射为 FP-树的一条路径,且结点代表项和项的支持数,因此通过考察包含特定结点的路径(例如 e),就可以发现以特定结点(例如 e)结尾的频繁项集。

由 FP-树生成的频繁项集的算法以自下而上的方式搜索 FP-树,并产生指定项集的条件树,再利用条件树生成频繁项集。

对于图5.2所示的 FP-树,算法从头表 $H = \{(a:8),(b:7),(c:6),(d:5),(e:3)\}$ 的最后,也就是支持数最小的项开始,依次选择一个项并构造该项的条件 FP-树(Condition FP-tree),即首先生成以 e 结尾的前缀路径,更新其结点的支持数后获得 e 的条件 FP-树,并由此生成频繁项集 $\{e\}$。

在 $\{e\}$ 频繁的条件下,需要进一步发现以 de、ce、be 和 ae 结尾的频繁项集等子问题,直至获得以 e 结尾的所有频繁项集,即包括 e 的所有频繁项集。

观察头表 H 可知,包括 e 的所有项集共有 $\{e\}$、$\{d,e\}$、$\{c,e\}$、$\{b,e\}$、$\{a,e\}$、$\{c,d,e\}$、$\{b,d,e\}$、$\{b,c,e\}$、$\{a,d,e\}$、$\{a,c,e\}$、$\{a,b,e\}$、$\{a,c,d,e\}$。在 e 的条件FP-树产生过程中,算法会不断地删除非频繁项集,而不是枚举地检验以上每个项集是否为频繁

的,因而提高了搜索效率。

当包括 e 的所有频繁项集生成以后,接下来就再按照头表 H,并以此寻找包括 d、c、b 或 a 的所有频繁项集,即依次构造以 d、c、b 或 a 结尾的前缀路径和条件 FP-树,并获得以它们结尾的所有频繁项集。

5.4.2 Close 算法

Close 算法是一种基于概念格(Concept Lattice)的关联规则挖掘的算法,该算法的工作原理是一个频繁闭合项目集的所有非空闭合子集一定是频繁的,一个非频繁闭合项目集的所有闭合超集一定是非频繁的。

Pasquier 等人在 1999 年利用概念格中概念连接的闭合性,创造性地建立了闭合项集格(Closed Itemset Lattice)理论,并提出挖掘频繁闭合项集(Frequent Closed Itemset)的 A-Close 算法。

Close 算法是对 Apriori 算法的改进,采用了与 Apriori 算法相同的自下而上、宽度优先的搜索策略,但与 Apriori 算法不同的是,A-Close 在挖掘过程中采用了闭合项集格进行剪枝,逐层生成频繁闭项集,使需要考虑的项集数量显著减少。该算法既可以推导出所有频繁项集及支持度,也可以得到频繁闭项集。

之后,不少学者在闭合项集格理论的指导下,提出了多种新的 Close 类型的算法。

5.4.2.1 Closet 算法

Closet 算法采用分解思想、深度优先搜索方法和水平数据格式,并采用 FP-树来压缩数据,该算法通过构建、扫描其条件数据库来计算当前结点的局部频繁项目集。Closet 算法是一个基于 FP-树的频繁闭合项集挖掘算法,该算法采用与 FP-Growth 算法相同的思想,采取了许多优化技术来改善挖掘的性能。但是,Closet 算法在项集闭合性方面的测试效率不高,尤其是对于稠密数据集,其整体性能较差。

5.4.2.2 Charm 算法

Charm 算法采用了三个方面的创造性措施,使得 Charm 算法具有较高的时空效率,该算法的性能要高于 A-Close 算法和 Closet 算法。

(1)通过 IT-树(Itemset Transaction Tree)同时探索项集空间和事务空间,而一般的算法只能使用项集搜索空间。

(2)算法使用了一种高效的混合搜索方法,使其可以跳过 IT-树前面的许多层,快速地确定频繁闭合项集,避免了许多可能子集的判断。

(3)使用了一种快速的 Hash 方法以消除非闭合项。

5.4.2.3 Closet+算法

Closet+算法也是 Close 类型的关联规则挖掘算法。它采用 FP-树作为存储结构,但建立事务数据库的投影方式与 FP-Growth 和 Close 不同。FP-Growth 和 Close 采用的是自下而上的方式,而 Closet+采用的是一种混合投影策略,即对于稠密数据集采用自下而上的物理树投影,但是对于稀疏数据集采用自上而下的伪树投影。此外,该算法还采用了许多高效的剪枝及子集检验策略。因此,Closet+算法在运行时间、内存及可扩展性方面都超过了前面提到的频繁闭合项集挖掘算法。

 **习题5**

1.什么是关联规则挖掘?

2.给出下列与关联规则有关的英文名称的中文翻译,并简述其含义:Transaction Data、Set of Items、Support、Confidence、Association Rule。

3.简述关联规则挖掘的基本步骤。

4.简述关联规则挖掘的任务。

5.Apriori 的性质有哪些?

6.具有较高的支持度的项集也会具有较高的置信度,这句话正确吗? 为什么?

7.简述 Apriori 算法的频繁项集发现算法的基本过程。

8.简述关联规则的评价方法。

9.简述全局项集 I 在事务数据库 D 上的支持度定义。

10.简述全局项集 I 在事务数据库 D 上的支持数与支持度的关系。

11.简述 FP-树算法的基本步骤。

12.如何构造一棵 FP-树?

分类规则挖掘

数据分类(Data Classification)是一项重要且应用十分广泛的数据挖掘任务。分类的目的是对历史数据记录进行数据分析,使用数据的某些特征属性,对每个数据类别进行准确描述,提取重要的数据建立分类模型,然后利用该分类模型对未知数据进行分类和预测。

本章详细介绍分类问题的基本概念、特征,以及决策树分类、贝叶斯分类和 K-最近邻分类等常见的分类方法,同时也简单介绍了一些其他的分类方法。

6.1 分类规则挖掘原理

6.1.1 分类问题概述

对于一个未知类别标号的数据对象,数据分类就是要判断它属于哪一类。通过学习历史数据中的数据特征属性得到一个目标函数 f,把每个数据集映射到一个预先定义的类别 y,即 $y=f(x)$,如图 6.1 所示,这个目标函数就是分类模型(Classification Model)。分类模型对我们输入的未知数据进行分析识别,最后输出该数据的类别。分类模型又称为分类器(Classifier)或分类规则(Classification Rule)。

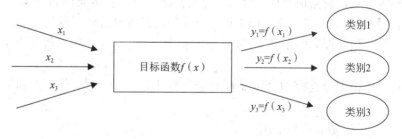

图 6.1　目标函数 $f(x)$ 示例

分类技术是一种根据输入数据集建立分类模型的系统方法,该方法一般是通过一种分类算法确定分类模型,分类模型可以很好地拟合输入数据中的类别和属性集合之间的联系。学习算法得到的模型不仅要很好地拟合输入数据,也要正确预测输入数据的类别。分类算法的主要目标是建立具有很好的泛化能力的模型,也就是建立能够准确地预测输入的未知样本的类别的模型。不同的分类算法可以得到不同的分类模型,常见的分类算法有分类规则、决策树、知识基和网络权值等。

分类过程分为两个阶段:学习阶段和分类阶段,如图 6.2 所示。

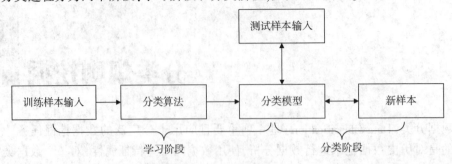

图 6.2　分类过程

6.1.1.1　学习阶段

分析训练数据集(即训练集)可知,该数据集是由已知类别数据对象组成的集合,建立描述并区分数据对象类别的分类函数或分类模型,同时要求得到的分类模型能够很好地描述或拟合训练样本,也能正确地预测或分类样本。

学习阶段又分为训练和测试两个部分。在构造分类模型之前,先将数据集随机地划分成训练数据集和测试数据集(即测试集)。在训练阶段使用训练数据集,通过分析由属性所描述的数据集来构建分类模型,该阶段如图 6.3 所示。测试阶段使用测试数据集来评估模型的分类准确率,若准确率可以接受,就可以应用该模型进行分类。

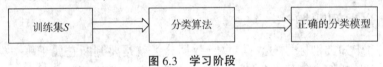

图 6.3　学习阶段

6.1.1.2　分类阶段

该阶段的主要任务是利用分类模型对未知类别的新样本进行分类。

首先,需要通过数据预处理产生满足分类模型要求的待分类的新样本。通常,分类阶段采用的预处理方法应和建立分类模型时采用的预处理方法一致。

然后,载入预处理后的新样本,通过分类模型产生分类结果,也就是求出新样本所属的类别。

最后,可以根据分类模型的可靠性对分类结果进行修正,以获得更加可信的分类结果。

分类阶段过程如图 6.4 所示。

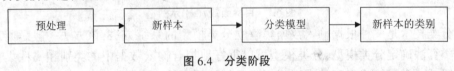

图 6.4　分类阶段

6.1.2 分类规则挖掘基础过程

6.1.2.1 分类规则挖掘概述

分类规则挖掘是分类分析中最为重要和关键的一步,它首先将一个已知类别标号的数据样本集(示例数据库)随机地划分为训练集 S 和测试集 T 两个部分,通常训练集占 2/3。通过学习训练集 S 中的所有样本点,并为每个类别进行准确的特征描述,来建立分类模型,或挖掘出分类规则,这一步称为有监督的(Supervised)学习。有监督的学习就是在模型建立之前已知每个训练样本属于哪一类,并且在建立过程中不断地按照已知的样本类别信息进行学习,最终建立符合实际的分类器。

设训练集 $S=\{X_1,X_2,\cdots,X_n\}$ 且每个样本点 X_i 都对应一个已知类别标号 C_q。一般,S 可用一张二维表来表示(如表 6.1 所示),其中 $A_1,A_2,\cdots,A_d$ 称为样本集的 d 个属性,C 表示类别属性或决策属性,$C_i(i=1,2,\cdots,k)$ 又称为类别属性值或决策属性值或类别标号,并将

$$C=\{C_1,C_2,\cdots,C_k\} \tag{6.1}$$

称为 S 的类别属性集,也称为 S 的分类集。

表 6.1 有类别标号的训练集 S

样本 id	A_1	A_2	$\cdots$	A_d	C
X_1	x_{11}	x_{12}	$\cdots$	x_{1d}	C_1
X_2	x_{21}	x_{22}	$\cdots$	x_{2d}	C_1
X_3	x_{31}	x_{32}	$\cdots$	x_{3d}	C_1
$\vdots$	$\vdots$	$\vdots$	$\vdots$	$\vdots$	$\vdots$
X_i	x_{i1}	x_{i2}	$\cdots$	x_{id}	C_q
$\vdots$	$\vdots$	$\vdots$	$\vdots$	$\vdots$	$\vdots$
X_{n-1}	$x_{n-1,1}$	$x_{n-1,2}$	$\cdots$	$x_{n-1,d}$	C_k
X_n	x_{n1}	x_{n2}	$\cdots$	x_{nd}	C_k

由于测试集 T 是样本数据集中的一部分,因此,其属性和类别标号都与 S 的相同,只是其中的样本点不同。

定义 6.1 对于给定的训练集 S 和类别属性集 $C=\{C_1,C_2,\cdots,C_k\}$,如果能找到一个函数 f 满足:

(1) $f:S\to C$,即 f 是 S 到 C 的一个映射;

(2) 对于每个 $X_i\in S$ 存在唯一的 C_q,使 $f(X_i)=C_q$,并记 $C_q=\{X_i|f(X_i)=C_q,1\le i\le k,X_i\in S\}$。

则称函数 f 为分类器或分类规则,并把寻找 f 的过程称为分类规则挖掘。

通过表 6.1 和定义 6.1 可以看出,类别标号 C_q 也代表属于该类的样本点集合。例如,我们说样本点 X_1、X_2、X_3 是 C_1 类的,表示样本点 X_1、X_2、X_3 属于 C_1,即 $C_1=\{X_1,X_2,X_3\}$。因此,C_1 不仅表示一个类别标号,还表示属于该类的所有样本点的集合。

为了提高分类模型的准确率、有效性和可伸缩性，通常需要对训练集进行数据挖掘预处理，包括数据清理、数据变换和归约等。

常见的分类算法包括决策树分类算法、贝叶斯分类算法、神经网络分类算法、K-最近邻分类算法、遗传分类算法、模糊集分类算法等。

分类算法可以根据下列标准进行比较和评估：

（1）准确率：分类模型正确地预测新样本所属类别的能力。

（2）速度：建立和使用分类模型的计算开销。

（3）强壮性：给定噪声数据或者有空缺值的数据，分类模型拥有正确预测数据的能力。

（4）可伸缩性：给定大量数据，有效地建立分类模型的能力。

（5）可解释性：分类模型提供的理解和洞察的层次。

6.1.2.2 分类规则评估

在实际应用分类模型之前，应该对分类预测的准确率进行评估。通常是利用测试集评估分类模型的准确率，若测试集 T 中有 N 个样本点被分类模型正确地分类，则分类模型在测试集 T 上的准确率定义为"正确预测数/测试总数"，即准确率 $= N/|T|$。

由于 T 中的样本点已经有分类标识，很容易统计分类器对 T 中样本进行正确分类的准确率，加之 T 中样本是随机选取的，且完全独立于训练集 S，其测试的分类模型的准确率可以被接受，就说明分类模型是可用的，可以利用该分类模型对新样本进行分类，否则需要重新建立分类模型。

还有一种计算分类模型准确率的方法是交叉验证方法。该方法是用训练集 S 来训练分类模型，用测试集 T 来评估模型的好坏。可以通过重复使用数据来改变数据集中训练集和测试集的百分比进行训练，得到多组不同的训练集和测试集，因此测试集和训练集中的数据在不同的划分次数中通过交叉使用来验证模型。

6.2 决策树分类方法

决策树（Decision Tree）是一种特殊、重要的分类器，是以训练样本为基础的归纳学习算法，它可以从一组无次序、无规则，但有类别序号的样本集中推导出决策树表示的分类规则。决策树的分类核心是构造决策树，而决策树的构造不需要任何领域知识或参数设置，因此适用于探测式知识发现。另外，决策树可以处理高维数据，而且简单快捷，一般情况下具有很高的准确率。

决策树的分类算法有一大优点，即它在学习过程中不需要使用者了解很多背景知识，只要训练例子能够用"属性-结论"的方式表现出来，就可以使用该算法来对其进行学习。常见的决策树方法有 ID3、CN2、SLIQ 等。

6.2.1 决策树生成框架

决策树是一棵有向树,也称为根树,一棵决策树由矩形结点、椭圆形结点和有向边构成,如图 6.5 所示。由于有向边的方向始终朝下,故省略了表示方向的箭头。

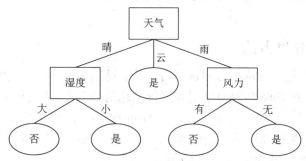

图 6.5 记录历史天气情况是否适宜外出旅游的决策树

一棵决策树由三类结点构成,并且这些结点用包含属性值标记的有向边相互连接。

(1)根结点(Root Node),用矩形表示,其对应分类属性集中的一个属性。如"天气"结点,它没有入边,但有两条或多条出边。矩形框里的字符串"天气"是样本集的属性名称。

(2)内部结点(Internal Node),用矩形表示,同根结点一致,内部结点也对应分类属性集中的一个属性。如"湿度"结点,它恰有一条入边,但有两条或多条出边。这里的"湿度"也是样本集的属性名称。

(3)叶子结点(Leaf Node)或终结点(Terminal Node),用椭圆形表示,其对应类别标号,即分类属性的取值。如"是"结点,恰有一条入边,但没有出边。椭圆形里的"是"等字符串是样本集的一个类别标号。

(4)每条有向边都用其出点的属性值标记,通常,一个属性有多少种取值,就从该结点引出多少条有向边,每一条边代表属性的一种取值。如"晴""云""雨"是其出点"天气"属性的三种取值。

决策树从根结点到叶子结点的一条路径就对应一条分类规则,因此,决策树很容易用来对未知样本进行分类。例如,图 6.5 所示的决策树对外出旅游人员有较高的实用价值。如果天气预报明天为雨天且有风(叶子结点"否"表示不宜外出旅游),而后天为晴天且湿度小(叶子结点"是"表示适宜外出旅游),则原本计划明天外出旅游的人,可以提前调整并安排好自己的工作,将外出的计划改在后天实施。

实际上,一棵决策树是对于样本空间的一种划分,根据各属性的取值把样本空间分为若干个子区域,在每个子区域中,如果某个类别的样本占优势,便将该子区域中所有样本的类别标为这个类别。

建立一棵决策树需要解决的主要问题如下:

(1)如何选择测试属性

测试属性的选择顺序影响决策树的结构甚至决策树的准确率。

（2）如何停止划分样本

从根结点测试属性开始，每个内部结点测试属性都把样本空间划分为若干个子区域，一般到某个子区域的样本同类或空时，就停止划分样本。有时也通过设置特定条件来停止划分样本，例如树的深度达到用户指定的深度，或结点中样本的个数少于用户指定的个数。

6.2.2　ID3 分类方法

ID3 分类方法是 J. Ross Quinlan 在 1979 年提出的一种分类预测算法。J. Ross Quinlan 在 1983 年和 1986 年又分别对其进行了总结和简化，使其成为典型的决策树学习算法。ID3 是迭代二分器第 3 版（Iterative Dichotomiser 3）英文的缩写。ID3 算法主要以信息论的信息熵为基础，以信息增益度为"属性测试条件"，并选择信息增益最大的属性对训练集进行分裂，从而实现对数据的归纳分类。

6.2.2.1　信息熵

熵（Entropy）的概念最早产生于统计热力学，它是热力学系统混乱程度的一种度量。系统的混乱程度越低，其熵值就越小。

定义 6.2　设 ξ 为可取 n 个离散数值的随机变量，它取 ε_i 的概率为 $p(\varepsilon_i)$（$i = 1, 2, \cdots, n$），则我们定义

$$E(\xi) = -\sum_{i=1}^{n} p(\varepsilon_i) \log_2 p(\varepsilon_i) \tag{6.2}$$

为随机变量 ξ 的信息熵。

如果令 $\xi = (\varepsilon_1, \varepsilon_2, \cdots, \varepsilon_n)$，从定义 6.2 可知，信息熵就是对一组数据 ξ 所含信息的不确定性度量。一组数据越是有序，其信息熵就越低；一组数据越是无序，其信息熵就越高。

特别地，如果定义 6.2 中的随机变量是一个样本集 S 的某个属性 A，其取值为 $\{a_1, a_2, \cdots, a_n\}$，信息熵 $E(A)$ 就是该属性所有取值的信息熵，其熵值越小，所蕴含的不确定信息就越少，就越有利于数据的分类。因此，根据随机变量信息熵的概念，可以引入分类信息熵的定义。

定义 6.3　设 S 是有限个样本点的集合，其类别属性 $C = \{C_1, C_2, \cdots, C_k\}$，有 $S = C_1 \cup C_2 \cup \cdots \cup C_k$，且 $C_i \cap C_j = \varnothing$（$i \neq j$），则定义 C 划分样本集 S 的信息熵（简称 C 的分类信息熵）为

$$E(S, C) = -\sum_{i=1}^{k} \frac{|C_i|}{|S|} \log_2 \frac{|C_i|}{|S|} \tag{6.3}$$

其中，$|C_i|$ 表示类 C_i 中的样本点个数，$\frac{|C_i|}{|S|}$ 被称为 S 中任意一个样本点属于 C_i（$i = 1, 2, \cdots, k$）的概率。

类似地，设 S 的条件属性 A 可以取 v 个不同值 $\{a_1, a_2, \cdots, a_v\}$，则可以把属性 A 的每一个取值 a_j 作为样本集 S 的一个类别标号，从而将 S 划分为 v 个子集，且 $S = S_1 \cup S_2 \cup \cdots \cup S_v$，$S_r \cap S_q = \varnothing$（$r \neq q$）。为此，我们可以引入 A 划分样本集 S 的信息熵概念。

定义 6.4 设 S 是有限个样本点的集合,其条件属性 A 划分 S 所得子集为 $\{S_1,S_2,\cdots,S_v\}$,则定义条件属性 A 划分样本集 S 的信息熵(简称 A 的分类信息熵)为

$$E(S,A) = -\sum_{j=1}^{v} \frac{|S_j|}{|S|} \log_2 \frac{|S_j|}{|S|} \tag{6.4}$$

其中,$\dfrac{|S_j|}{|S|}$ 也称为 S 中任意一个样本点属于 $S_j(j=1,2,\cdots,v)$ 的概率。

定义 6.5 设 S 是有限个样本点的集合,其条件属性 A 划分 S 所得子集为 $\{S_1,S_2,\cdots,S_v\}$,则定义条件属性 A 划分样本集 S 相对于 C 的信息熵(简称 A 相对于 C 的分类信息熵)为

$$E(S,A\mid C) = \sum_{j=1}^{v} \frac{|S_j|}{|S|} E(S_j,C) \tag{6.5}$$

其中,$\dfrac{|S_j|}{|S|}$ 充当类别属性 C 划分第 j 个子集 S_j 的信息熵权重;而 $E(S_j,C)$ 就是 C 分类 S_j 的信息熵。根据公式(6.4),对于给定的子集 S_j 有

$$E(S_j,C) = -\sum_{i=1}^{k} \frac{|C_i \cap S_j|}{|S_j|} \log_2 \left(\frac{|C_i \cap S_j|}{|S_j|} \right) \tag{6.6}$$

其中,$\dfrac{|C_i \cap S_j|}{|S_j|}$ 也称为子集 S_j 中样本属于类 C_i 的概率($i=1,2,\cdots,k;j=1,2,\cdots,v$)。

根据信息熵的概念,$E(S,A\mid C)$ 的值越小,则利用条件属性 A 对 S 进行子集划分的纯度越高,即分类能力越强。

6.2.2.2 信息增益

为了让决策树构建过程中的每一步都选择分类能力强的条件属性作为分裂结点,人们引进信息增益(Information Gain)来度量。

定义 6.6 条件属性 A 划分样本集 S 相对 C 的信息增益(也称为 A 相对于 C 的分类信息增益,简称 A 的信息增益)定义为

$$gain(S,A\mid C) = E(S,C) - E(S,A\mid C) \tag{6.7}$$

即 $gain(S,A\mid C)$ 是类别属性 C 划分样本集 S 的信息熵与条件属性 A 划分样本集 S 相对于 C 的信息熵之差。

从式(6.7)可以看出,条件属性 A 划分 S 的信息熵越小,其增益就越大。

ID3 算法计算每个属性分类 S 的信息熵和信息增益,认为信息增益高是分类能力强的表现。因此,ID3 算法选取具有最高信息增益的属性作为将 S 分裂为子集的属性。创建一个结点,以被选取的属性命名结点,同时为该属性的每一个取值创建一个子结点(代表取该属性值的所有样本点构成的集合)。然后循环地对每个子结点重复以上计算来得到最终的决策树。

6.2.2.3 ID3 算法

ID3 算法以信息增益为度量,用于决策树结点的属性选择,每次优先选取信息量最多的属性,即使熵值变为最小的属性,也可以来构造一棵熵值下降最快的决策树,直到

叶子结点熵值为0。此时,每个叶子结点对应的实例集中的实例属于同一类。

设S_h是结点h的样本集,而$C=\{C_1,C_2,\cdots,C_k\}$是类别属性,则ID3算法的递归定义如下:

(1)如果S_h中所有记录都属于同一类C_h,则h为一个叶子结点,并用分类标号C_h标记该结点。

(2)如果S_h中包含多个类别的样本点,则记$S=S_h$。

①计算C划分样本集S的信息熵$E(S,C)$;

②计算S中的每个条件属性A'划分样本集S相对于C的信息熵$E(S,A'|C)$及其信息增益$gain(S,A'|C)=E(S,C)-E(S,A'|C)$;

③假设取得最大增益的条件属性为A,则创建条件属性A的结点;

④设条件属性A划分样本集S所得子集的集合为$\{S_1,S_2,\cdots,S_v\}$,则从子集$S_h(h=1,2,\cdots,v)$中删除条件属性A后仍将其记作S_h,为A结点创建子结点S_h,并对S_h递归地调用ID3算法。

从ID3算法递归定义可知其工作过程为:首先找出最有判别力(最大信息增益)的属性。然后把当前样本集划分成多个子集,每个子集又选择最有判别力的属性进行划分,一直进行到所有子集仅包含同一类型的数据为止。最后就可以得到一棵决策树,用它来对新的样例进行分类和预测。

例6.1 设外出与天气情况的历史统计数据如表6.2所示。它共有"天气""温度""湿度""风力"四个描述天气的条件属性,类别属性是"是""否"的二元取值,表示在当时的天气条件下是否适宜外出。请构造关于天气情况与是否适宜外出的决策树。

解:根据ID3算法:

第一步:选择S增益最大的属性构造决策树的根结点。

(1)计算类别属性C的分类信息熵。

从表6.2可知,$S=\{X_1,X_2,\cdots,X_{14}\}$,因此$|S|=14$,而类别属性$C=\{C_1,C_2\}$,其中$C_1=$"是"表示适宜外出,$C_2=$"否"表示不宜外出,因此

$C_1=\{X_3,X_4,X_5,X_7,X_9,X_{10},X_{11},X_{12},X_{13}\}$,$C_2=\{X_1,X_2,X_6,X_8,X_{14}\}$,故$|C_1|=9$,$|C_2|=5$。

根据分类信息熵公式(6.3)有

$$E(S,C)=-\sum_{i=1}^{2}\frac{|C_i|}{|S|}\log_2\frac{|C_i|}{|S|}=-\left(\frac{9}{14}\log_2\frac{9}{14}+\frac{5}{14}\log_2\frac{5}{14}\right)$$

$$\approx-[0.643\times(-0.637)+0.357\times(-1.485)]$$

$$\approx 0.410+0.530=0.940$$

(2)计算每个条件属性A_j相对于C的分类信息熵。

因为样本集S共有"天气""温度""湿度""风力"四个条件属性,所以,应根据定义6.5分别计算它们相对于C的分类信息熵。

①条件属性$A_1=$"天气",它有"晴""云""雨"三个取值。因此,按其取值对S进行划分,可得到

$S_1=S_{晴}=\{X_1,X_2,X_8,X_9,X_{11}\}$,$S_2=S_{云}=\{X_3,X_7,X_{12},X_{13}\}$,$S_3=S_{雨}=\{X_4,X_5,X_6,X_{10},X_{14}\}$。

因为 $|S_1| = 5$，$|C_1 \cap S_1| = |\{X_9, X_{11}\}| = 2$，$|C_2 \cap S_1| = |\{X_1, X_2, X_8\}| = 3$，则由式(6.6)有

$$E(S_1, C) = -\sum_{i=1}^{2} \frac{|C_i \cap S_1|}{|S_1|} \log_2\left(\frac{|C_i \cap S_1|}{|S_1|}\right)$$

$$= -\left(\frac{2}{5} \times \log_2 \frac{2}{5} + \frac{3}{5} \times \log_2 \frac{3}{5}\right) \approx 0.971$$

同理，有 $E(S_2, C) = 0$，$E(S_3, C) \approx 0.971$。

因为 $|S_2| = 4$，$|S_3| = 5$，$|S| = 14$，再根据式(6.5)，$A_1 =$ "天气" 相对于 C 的分类信息熵为

$$E(S, A_1 \mid C) = E(S, 天气 \mid C)$$

$$= \frac{|S_1|}{|S|} E(S_1, C) + \frac{|S_2|}{|S|} E(S_2, C) + \frac{|S_3|}{|S|} E(S_3, C)$$

$$\approx 0.694$$

表 6.2 外出与天气情况的历史统计数据样本集 S

样本 id	天气	温度	湿度	风力	类别
X_1	晴	高	大	无	否
X_2	晴	高	大	无	否
X_3	云	高	大	无	是
X_4	雨	中	大	无	是
X_5	雨	低	小	无	是
X_6	雨	低	小	有	否
X_7	云	低	小	有	是
X_8	晴	中	大	无	否
X_9	晴	低	小	无	是
X_{10}	雨	中	小	无	是
X_{11}	晴	中	小	有	是
X_{12}	云	中	大	有	是
X_{13}	云	高	小	无	是
X_{14}	雨	中	大	有	否

②条件属性 $A_2 =$ "温度"，它有"高""中""低"三个取值，按其取值对 S 划分可以得到

$$S_1 = \{X_1, X_2, X_3, X_{13}\}, \ S_2 = \{X_4, X_8, X_{10}, X_{11}, X_{12}, X_{14}\}, \ S_3 = \{X_5, X_6, X_7, X_9\}$$

按照前面第①步，利用式(6.6)计算可得 $E(S_1, C) = 1$，$E(S_2, C) \approx 0.918$，$E(S_3, C) \approx 0.811$。

再根据式(6.5)可得 $A_2 =$ "温度"相对 C 的分类信息熵为 $E(S, A_2 \mid C) \approx 0.911$。

③条件属性 A_3 = "湿度",按其取值"大""小"将 S 划分为

$$S_1 = \{X_1,X_2,X_3,X_4,X_8,X_{12},X_{14}\}, S_2 = \{X_5,X_6,X_7,X_9,X_{10},X_{11},X_{13}\}$$

按照前面第①步的方法计算可得 $E(S_1,C) \approx 0.985$, $E(S_2,C) \approx 0.592$, $E(S,A_3 \mid C) \approx 0.789$。

④同理,条件属性 A_4 = "风力",按其取值"无""有"将 S 划分为

$$S_1 = \{X_1,X_2,X_3,X_4,X_5,X_8,X_9,X_{10},X_{13}\}, S_2 = \{X_6,X_7,X_{11},X_{12},X_{14}\}$$

因此,计算可得 $E(S_1,C) \approx 0.918$, $E(S_2,C) \approx 0.971$, $E(S,A_4 \mid C) \approx 0.937$。

(3)计算每个条件属性 A_j 的信息增益。

根据式(6.7)可得:

①对 A_1 为"天气", $gain(S,A_1 \mid C) = E(S,C) - E(S,A_1 \mid C) \approx 0.246$。

②对 A_2 为"温度", $gain(S,A_2 \mid C) \approx 0.029$。

③对 A_3 为"湿度", $gain(S,A_3 \mid C) \approx 0.151$。

④对 A_4 为"风力", $gain(S,A_4 \mid C) \approx 0.003$。

因此,最大增益的条件属性是 A_1(天气),即以"天气"作为根结点,并以"天气"划分 S 所得子集 S_1、S_2、S_3,分别如表 6.3、表 6.4、表 6.5 所示。

表 6.3　天气="晴"的子集 S_1

样本 id	温度	湿度	风力	类别
X_1	高	大	无	否
X_2	高	大	无	否
X_8	中	大	无	否
X_9	低	小	无	是
X_{11}	中	小	有	是

表 6.4　天气="云"的子集 S_2

样本 id	温度	湿度	风力	类别
X_3	高	大	无	是
X_7	低	小	有	是
X_{12}	中	大	有	是
X_{13}	高	小	无	是

表 6.5　天气="雨"的子集 S_3

样本 id	温度	湿度	风力	类别
X_4	中	大	无	是
X_5	低	小	无	是
X_6	低	小	有	否
X_{10}	中	小	无	是
X_{14}	中	大	有	否

因此,为根结点"天气"创建 S_1、S_2、S_3 共三个子结点(如图 6.6 所示),其中"天气"属

性值为"云"的子集S_2具有完全相同的类别标号"是",因此为叶子结点,而S_1和S_3需作为内部结点进行下一步分裂。

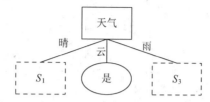

图 6.6 以"天气"属性作为根结点并划分S的结果

第二步:选择S_1增益最大的条件属性作为"天气"的子结点(内部结点)。

(1)令$S=S_1$,调用 ID3 算法,计算C的分类信息熵。

从表 6.3 可知,$S=\{X_1,X_2,X_8,X_9,X_{11}\}$,因此$|S|=5$,而$C=\{C_1,C_2\}$,其中$C_1=\{X_9,X_{11}\}=$"是",$C_2=\{X_1,X_2,X_8\}=$"否"。

根据式(6.3)有$E(S,C)\approx0.971$。

(2)计算每个条件属性A_j相对于C的信息熵。

①条件属性$A_2=$"温度",它有"高""中""低"三个取值,按其取值对S划分可以得到

$$S_1=\{X_1,X_2\},S_2=\{X_8,X_{11}\},S_3=\{X_9\}$$

通过计算可以得到$E(S_1,C)=0,E(S_2,C)=1,E(S_3,C)=0,E(S,A_2|C)=0.4$。

②条件属性$A_3=$"湿度",按其两个取值"大""小"将S划分为

$$S_1=\{X_1,X_2,X_8\},S_2=\{X_9,X_{11}\}$$

通过计算可以得到$E(S_1,C)=0,E(S_2,C)=0,E(S,A_3|C)=0$。

③同理,条件属性$A_4=$"风力",按其两个取值"无""有"将S划分为

$$S_1=\{X_1,X_2,X_8,X_9\},S_2=\{X_{11}\}$$

通过计算可以得到$E(S_1,C)\approx0.811,E(S_2,C)=0,E(S,A_4|C)\approx0.649$。

(3)计算每个条件属性A_j的信息增益。

①对A_2为"温度",$gain(S,A_2|C)=E(S,C)-E(S,A_2|C)\approx0.571$。

②对A_3为"湿度",$gain(S,A_3|C)\approx0.971$。

③对A_4为"风力",$gain(S,A_4|C)\approx0.322$。

因此,A_3(湿度)是取得最大的信息增益的条件属性,即应以"湿度"作为"天气"的一个子结点,并以"湿度"取值划分S得到$S_1=S_大=\{X_1,X_2,X_8\}$,$S_2=S_小=\{X_9,X_{11}\}$。

注意到对应"湿度"属性值"大"的子集S_1的类别标号都为"否",而"湿度"属性值"小"的子集S_2的类别标号都为"是",因此,将它们直接作为"湿度"的叶子结点而无须进一步分裂,由图 6.6 可得图 6.7。

第三步:选择S_3增益最大的属性作为"天气"为"雨"的子结点(内部结点)。

同理,令$S=S_3$,调用 ID3 算法,类似第二步的计算,可以得到"风力"是信息熵最大的条件属性,即应以"风力"作为"天气"的一个子结点,并以风力取值划分S得$S_1=S_无=\{X_4,X_5,X_{10}\},S_2=S_有=\{X_6,X_{14}\}$。

注意到对应"风力"属性值"无"对应的子集中类别标号都为"是",而"风力"属性值"有"对应的子集中类别标号都为"否",因此,将它们直接作为"风力"的叶子结点而无

须进一步分裂,因此,由图6.7可得到最终的决策树如图6.5所示。

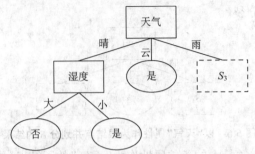

图6.7 以"湿度"属性作为内部结点并划分 S_1 的结果

6.2.2.4 提取分类规则

决策树的根结点和内部结点都是样本集的条件属性,叶子结点为分类标号,结点之间有向边旁的字符是其属性的取值,因此,从根结点到每个叶子结点的一条路径都是一条分类规则,路径上的每条边的属性值用合取运算作为规则的条件。

例如,对于图6.5所示的决策树,可以生成五条分类规则:

(1)如果天气="晴"∩湿度="大",则适宜外出="否"。

(2)如果天气="晴"∩湿度="小",则适宜外出="是"。

(3)如果天气="云",则适宜外出="是"。

(4)如果天气="雨"∩风力="有",则适宜外出="否"。

(5)如果天气="雨"∩风力="无",则适宜外出="是"。

6.2.2.5 ID3 算法的主要优点与缺点

(1)主要优点

①模型理解容易:决策树模型的树形层次结构易于理解和实现,并可方便地提取易于理解的"如果-则"形式的分类规则。

②噪声影响较小:信息增益计算的每一步使用的是当前的所有训练样本,能够降低个别错误样本点带来的影响。

③分类速度较快:当决策树建成之后,对未知类别标号的样本,只需从树根开始向下检查,搜索一条分裂属性值与未知类别标号样本对应属性值相等的路径,即可快速完成对未知类别标号的样本分类。

(2)主要缺点

①仅处理离散属性数据:ID3算法只能处理具有离散属性的数据集。对于连续型的属性,必须先对其进行离散化才能使用,但ID3算法并未提供连续型属性的离散化方法。

②不能够处理缺失数据:ID3算法不能处理属性值有缺失的数据,也没有提供解决缺失数据的预处理方法。

③仅为局部最优的决策树:ID3采用贪心算法,且决策树的构造过程不能回溯,因此,得到的决策树通常是局部最优的,而不是全局最优的。

④偏好取值个数多的属性:ID3采用信息增益作为选择分裂属性的度量标准,但大

量的研究分析与实际应用发现,信息增益偏向于选择属性值个数较多的属性,而属性值个数较多的属性并不一定是最优或分类能力最强的属性。

6.2.3 决策树剪枝

对于同一个训练样本集,其决策树越矮小,就越容易被理解,且存储与传输的代价就越小;反之,决策树越高大,其结点就越多,且每个结点包含的训练样本个数就越少,由此可能导致决策树在测试集上的泛化误差增大。当然,决策树过于矮小也会导致泛化误差增大。因此,剪枝需要在决策树的大小与模型正确率之间寻求一个平衡点。

现实世界中的数据通常含有噪声。ID3 等基本决策树构造算法没有考虑噪声,因此生成的决策树完全与训练样本拟合。但在数据有噪声的情况下,完全拟合就会导致过度拟合(Overfitting),即对训练数据的完全拟合反而会导致对非训练数据的分类预测性能下降。剪枝就是一种克服数据噪声的基本技术,它可以防止决策树过度拟合,同时还能因决策树得到简化而变得更容易理解。剪枝技术主要包括预剪枝(Pre-pruning)和后剪枝(Post-pruning)两种方法。

6.2.3.1 预剪枝

预剪枝技术的基本思想是限制决策树的过度生长,主要通过在训练过程中明确地控制树的大小来简化决策树。在没有正确地完成为整个训练集分类之前,提前终止决策树的生长,即为了防止过度拟合,故意让决策树保留一定的训练误差。

常用的预剪枝方法主要有以下几种:

(1)为决策树的高度设置阈值,当决策树达到设置的阈值高度时便停止生长。该方法一般能够取得较好的结果,但是,如何设定决策树高度的阈值是一个难题,它要求用户对数据的取值分布有一个清晰的了解,而且用户需要对参数值进行反复的尝试。

(2)如果当前结点中的训练样本点具有完全相同的属性值,即使这些样本点有不同的类别标号,决策树也不再从该结点继续生长。

(3)设定结点中最少样本点数量的阈值,如果当前结点中的样本点数量达不到阈值,决策树就不再从该结点继续生长,但这种方法不适用于小规模训练样本集。

(4)设定结点扩展的信息增益阈值,如果计算的信息增益值不满足阈值要求,决策树就不再从该结点继续生长。如果在最好的情况下扩展的信息增益值都小于阈值,即使有些结点的样本不属于同一类,也可以终止算法。当然,阈值的选择是比较困难的,阈值过高可能导致决策树过于简化,阈值过低可能导致对决策树的简化不够充分。

采用预剪枝技术可以较早地完成决策树的构造过程,而不必生成更完整的决策树,算法的效率很高,适用于大规模的问题。

预剪枝技术也存在视野狭窄的问题,即在同等条件下,当前的扩展不满足标准或阈值,但有可能满足进一步的扩展。所以,预剪枝在决策树生成时可能会丧失一些有用的结论,因为这些结论往往在决策树完全建成后才能发现。

6.2.3.2 后剪枝

后剪枝技术是在生成决策树时允许过度生长,当决策树完全生成后,再按照一定的规则或条件,剪去决策树中不具有代表性的叶子结点或分支。

后剪枝算法有自下而上和自上而下两种剪枝策略。自下而上的后剪枝算法首先从底层的内部结点开始,剪去满足一定条件的内部结点,并在新生成的决策树上递归调用该算法,直到没有可以剪枝的结点。自上而下的后剪枝算法是从根结点开始向下逐个考虑结点的剪枝问题,只要结点满足剪枝的条件就进行剪枝。

后剪枝是一个一边修剪一边检验的过程,一般规则是:在决策树不断剪枝的过程中,利用训练样本集或检验样本集的样本点,检验决策树的预测精度,并计算出相应的错误率。如果剪去某个叶子结点后,决策树在测试集上的准确度或其他度量值不降低,就剪去这个叶子结点。当产生一组逐渐被剪枝的决策树后,使用一个独立的测试集去评估每棵树的准确率,就能得到具有最小期望错误率的决策树。

剪枝过程中一般要涉及统计参数或阈值(如停机阈值)。值得注意的是,剪枝并不是对所有的数据集都好,因为最小树并不一定是最佳树(具有最大的预测准确率)。此外,当训练样本稀疏时,要防止过分剪枝带来的副作用。从本质上讲,剪枝也就是选择了一种偏向(Bias),它对有些数据点的预测效果较好而对另外一些数据点的预测效果变差。

6.3 贝叶斯分类方法

贝叶斯(Bayes)分类方法是一系列分类算法的总称,以贝叶斯定理为基础。贝叶斯定理是以研究者托马斯·贝叶斯(Thomas Bayes)的姓氏命名的。托马斯·贝叶斯是一位英国牧师,也是 18 世纪概率论和决策论的早期研究者之一。

贝叶斯分类方法以概率统计进行学习分类,可预测一个数据对象属于某个类别的概率,以下几种分类器都是以贝叶斯定理为基础的分类模型。

(1)朴素贝叶斯(Naive Bayes,NB)分类器

NB 分类器是贝叶斯分类器中最简单、有效的、在实际中使用最多且较为成功的一种分类器。其性能与神经网络、决策树分类器相比,在某些场合甚至更优。NB 分类器假定训练集的每个条件属性都是有用的,且对于指定的类别标号,样本集中各个条件属性之间是相互独立的,即条件属性之间不存在任何依赖联系,这就是朴素贝叶斯分类器的条件属性独立性假设。

(2)树扩展的朴素贝叶斯(Tree-Augmented Naive Bayes,TANB)分类器

由于条件属性独立性假设在实际情况中经常是不成立的,TANB 分类器就是在朴素贝叶斯分类器的基础上,在一定程度上消除朴素贝叶斯分类器的条件属性独立性假设,即允许条件属性之间存在函数依赖,并将存在这种依赖的属性之间添加连接弧(也称扩展弧),构成树扩展的朴素贝叶斯网络。

(3)贝氏增强网络朴素贝叶斯(Bayesian Network-Augmented Naive Bayes,BAN)分类器

BAN 分类器是一种增强的朴素贝叶斯分类器,它改进了朴素贝叶斯分类器的条件属性独立性假设,并取消了 TANB 分类器中条件属性之间必须满足树状结构的要求。它假定属性之间存在贝叶斯网络联系而不是树状联系,从而能够表达条件属性之间的各种依赖关系。

(4)贝叶斯多网(Bayesian Multi-Net,BMN)分类器

BMN 分类器是 TANB 或 BAN 分类器的一个扩展。TANB 或 BAN 分类器认为类别不同但条件属性相同之间的依赖关系是不变的,即对于不同的类别都具有相同的网络结构。BMN 分类器则认为对于类别属性的不同取值,条件属性之间的联系可以是不一样的。

(5)一般贝叶斯网络(General Bayesian Network,GBN)分类器

如果直接抛弃条件属性独立性假设,就可以得到一般贝叶斯网络分类器。GBN 分类器就是一种无约束的贝叶斯网络分类器,它把类别属性结点作为一个普通结点,而不像前面四种分类器那样,把类别属性作为一个特殊结点,即类别属性结点在网络结构中是其他条件属性的父结点。

6.3.1　贝叶斯定理

贝叶斯分类算法基于贝叶斯定理,利用贝叶斯公式计算出待分类对象(元组)的后验概率,即该对象属于某一类别的概率,然后选择具有最大后验概率的类别作为该对象所属的类别。

6.3.1.1　先验概率

先验概率(Prior Probability),指人们可以根据历史数据统计或历史经验分析得到的概率,其值一般通过对历史数据的分析和计算得到,或由专家根据专业知识人为地指定。

本章用 $p(H)$ 表示假设 H 的先验概率,用 $p(X)$ 表示没有类别标号的样本点 X 的先验概率。

6.3.1.2　后验概率

后验概率(Posterior Probability),也称条件概率。

若有一个类别标号未知的样本点 X 和表示"样本点 X 属于类别 C"的假设 H,则它们的联合概率 $p(X=x,H=h)$ 是指 X 取值 x 且 H 取值 h 的概率。条件概率是指一个随机变量在另一个随机变量取值已知的情况下取某一个特定值的概率。例如,$p(H=h|X=x)$ 是指在已知变量 X 取值 x 的情况下,变量 H 取值 h 的概率,一般记作 $p(H|X)$,称为在已知 X 取某个值的条件下,H 成立的后验概率。而 $p(X=x|H=h)$ 是指在已知变量 H 取值 h 的情况下,变量 X 取值 x 的概率,一般记作 $p(X|H)$,称为在假设 H 成立的条件下,样本 X 取某个值的后验概率。

定理 6.1　(贝叶斯定理)假设 X 和 H 是两个随机变量,则

$$p(H|X) = \frac{p(X|H)p(H)}{p(X)} \tag{6.8}$$

证明:由于 X 和 H 的联合概率和条件概率满足以下关系

$$p(X,H) = p(H|X) \times p(X) = p(X|H) \times p(H)$$

即

$$p(H|X) \times p(X) = p(X|H) \times p(H) \tag{6.9}$$

将式(6.9)左端的 $p(X)$ 移到右端即可得到式(6.8)。

贝叶斯公式在实际中有很多应用,它可以帮助人们确定结果 (H) 发生的最可能原因 (X) ,贝叶斯公式也称为逆概公式。

从直观上看, $p(H|X)$ 随着 $p(H)$ 和 $p(X|H)$ 的增大而增大,同时也可看出 $p(H|X)$ 随着 $p(X)$ 的增大而减小。这是很合理的,因为如果 X 独立于 H 时被确定的可能性越大,则 X 对 H 的支持度越小。

例 6.2 假定数据样本集 D 由各种水果组成,每种水果都可以用颜色来描述。如果用 X 代表黄色, H 代表 X 是香蕉这个假设,则 $p(H|X)$ 表示已知 X 是黄色的条件下 X 是香蕉的概率(确信程度)。求 $p(H|X)$ 通常已知以下概率:

(1) $p(H)$:拿出 D 中任一个水果,不管它是什么颜色,它是香蕉的概率。

(2) $p(X)$:拿出 D 中任一个水果,不管它是什么水果,它是黄色的概率。

(3) $p(X|H)$:拿出 D 中任一个水果,已知它是香蕉,它是黄色的概率。

此时可以直接利用贝叶斯定理来求 $p(H|X)$,即拿出 D 中任一个黄色水果,它是香蕉的概率。

例如,某果园种植的水果(构成数据样本集 D)有 70% 的香蕉,香蕉中有 80% 是黄色的,该果园中黄色水果占 60% ,任一个人摘取一个黄色水果,是香蕉的概率有多大?

根据题意可知,有 $p(H) = 0.7, p(X) = 0.6, p(X|H) = 0.8$

$$p(H|X) = \frac{p(X|H)p(H)}{p(X)} = \frac{0.8 \times 0.7}{0.6} \approx 0.93$$

即一个人摘取任意一个黄色水果,是香蕉的概率 93% 。

6.3.2 朴素贝叶斯分类

朴素贝叶斯分类的原理是根据训练集 S 估算样本 X (未知类别标号)的先验概率,再利用贝叶斯公式计算其后验概率,即该样本 X 属于某个类别的概率,其方法是选择具有最大后验概率的类别作为样本 X 所属的类别。因此,朴素贝叶斯分类是最小错误率意义上的分类方法。

6.3.2.1 朴素贝叶斯分类过程

朴素贝叶斯分类基于一个简单的设定:在给定分类特征条件下,描述属性值之间是相互条件独立的。

朴素贝叶斯分类的思想是:假设每个样本用一个 n 维特征向量 $X = \{x_1, x_2, \cdots, x_n\}$ 来表示,描述属性为 $A_1, A_2, \cdots, A_n$ (A_i 之间相互独立)。类别属性为 C ,假设样本中共有 m 个类,即 $C_1, C_2, \cdots, C_m$,对应的贝叶斯网如图 6.8 所示,其中 $p(A_i|C)$ 是后验概率,可以通过训练集求出。

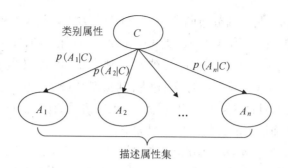

类别属性

$p(A_1|C)$

$p(A_2|C)$

$p(A_n|C)$

描述属性集

图 6.8　一个贝叶斯网

给定一个未知类别的样本 X，朴素贝叶斯分类将 X 划分到属于具有最高后验概率 $p(C_i|X)$ 的类中，也就是说，将 X 分配给类 C_i，当且仅当

$$p(C_i|X) > p(C_j|X), 1 \leqslant j \leqslant m, i \neq j \tag{6.10}$$

根据贝叶斯定理 6.1 的公式(6.8)有

$$p(C_i|X) = \frac{p(X|C_i)p(C_i)}{p(X)} \tag{6.11}$$

由于 $p(X)$ 对于所有类为常数，只需最大化 $p(X|C_i)p(C_i)$ 即可。而 $p(X|C_i)$ 是一个联合后验概率，即

$$p(X|C_i) = p(A_1, A_2, \cdots, A_n|C_i) = \prod_{k=1}^{n} p(A_k|C_i) \tag{6.12}$$

所以对于某个新样本 $(a_1, a_2, \cdots, a_n)$，它所在类别为

$$c' = \underset{C_i}{\text{argmax}} \left\{ p(C_i) \prod_{k=1}^{n} p(a_k|C_i) \right\} \tag{6.13}$$

其中，先验概率 $p(C_i)$ 可以通过训练集得到。$p(C_i) = s_i/s$，其中 s_i 是训练集中属性 C_i 类的样本数，而 s 是总的样本数。

朴素贝叶斯分类过程如图 6.9 所示。

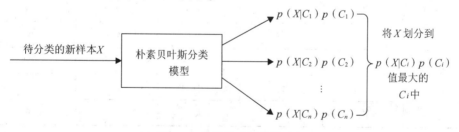

待分类的新样本 X

朴素贝叶斯分类模型

$p(X|C_1)p(C_1)$

$p(X|C_2)p(C_2)$

$p(X|C_n)p(C_n)$

将 X 划分到 $p(X|C_i)p(C_i)$ 值最大的 C_i 中

图 6.9　朴素贝叶斯分类过程

6.3.2.2　后验概率 $p(a_k|C_i)$ 的计算

计算后验概率(也称为类条件概率) $p(a_k|C_i)$ 的方法如下：

(1) 如果对应的描述属性 a_k 具有离散属性，也可以通过训练集得到，$p(a_k|C_i) = s_{ik}/s_i$，其中 s_{ik} 是在属性 a_k 上具有值 a_k 的类 C_i 的训练样本数，s_i 是类 C_i 中的训练样本数。

(2) 如果对应的描述属性 a_k 具有连续属性，则通常假定该属性服从高斯分布。因而

$$p(a_k|C_i) = g(a_k, \mu_i, \sigma_i) = \frac{1}{\sqrt{2\pi}\sigma_i} e^{\frac{(a_k-u_i)^2}{2\sigma_i^2}} \tag{6.14}$$

其中,$g(a_k,\mu_i,\sigma_i)$ 是高斯分布函数,μ_i、σ_i 分别为类 C_i 的平均值和标准差。

从以上分析可知,要利用贝叶斯分类对一个没有类别标号的样本 X 进行分类,首先要计算每个类 C_i 的 $p(X|C_i)$。样本 X 被指派到类 C_i,当且仅当 $p(X|C_j)p(C_j) \geqslant p(X|C_i)p(C_i)$,其中 $1 \leqslant i \leqslant k$ 且 $i \neq j$ 时,X 被划分到 $p(X|C_j)p(C_j)$ 值最大的类 C_i 中。

例 6.2 设某旅行社由表 6.6 给出的外出与天气情况的历史数据样本集 S。俱乐部计划后天外出旅游,而后天的天气预报情况如下

$$X=(天气=“晴”,温度=“高”,湿度=“小”,风力=“无”)$$

请根据历史数据样本集 S,利用朴素贝叶斯分类器,判断后天是否适宜外出旅游。

解:由于 S 的类别属性 C 取值为“是”“否”,因此 C 将 S 分为两个类别的集合

$$C_1=C_是=\{X_3,X_4,X_5,X_7,X_9,X_{10},X_{11},X_{12},X_{13}\},C_2=C_否=\{X_1,X_2,X_6,X_8,X_{14}\}$$

表 6.6　外出与天气情况的历史数据样本集 S

样本 id	天气	温度	湿度	风力	类别
X_1	晴	高	大	无	否
X_2	晴	高	大	无	否
X_3	云	高	大	无	是
X_4	雨	中	大	无	是
X_5	雨	低	小	无	是
X_6	雨	低	小	有	否
X_7	云	低	小	有	是
X_8	晴	中	大	无	否
X_9	晴	低	小	无	是
X_{10}	雨	中	小	无	是
X_{11}	晴	中	小	有	是
X_{12}	云	中	大	有	是
X_{13}	云	高	大	无	是
X_{14}	雨	中	大	有	否

(1)计算 $p(C_1)$ 和 $p(C_2)$

$$p(C_1)=\frac{|C_1|}{|S|}=\frac{9}{14},p(C_2)=\frac{|C_2|}{|S|}=\frac{5}{14}$$

(2)计算 $p(X|C_1)$

因为已知 $X=(x_1,x_2,x_3,x_4)=$(天气=“晴”,温度=“高”,湿度=“小”,风力=“无”),所以有 $p(X|C_1)=\prod_{k=1}^{4}p(x_k|C_1)$,其中

$$p(x_1|C_1)=\frac{|S_{11}|}{|C_1|}=\frac{2}{9}$$,这里 $S_{11}=\{X_9,X_{11}\}$ 是 S 中天气=“晴”且属于 C_1 的样本数。

$p(x_2|C_1) = \dfrac{|S_{12}|}{|C_1|} = \dfrac{2}{9}$，这里 $S_{12} = \{X_3, X_{13}\}$ 是 S 中温度 = "高"且属于 C_1 的样本数。

$p(x_3|C_1) = \dfrac{|S_{13}|}{|C_1|} = \dfrac{6}{9}$，这里 $S_{13} = \{X_5, X_7, X_9, X_{10}, X_{11}, X_{13}\}$ 是 S 中湿度 = "小"且属于 C_1 的样本数。

$p(x_4|C_1) = \dfrac{|S_{14}|}{|C_1|} = \dfrac{6}{9}$，这里 $S_{14} = \{X_3, X_4, X_5, X_9, X_{10}, X_{13}\}$ 是 S 中风力 = "无"且属于 C_1 的样本数。

因此，$p(X|C_1) = \dfrac{2}{9} \times \dfrac{2}{9} \times \dfrac{6}{9} \times \dfrac{6}{9} \approx 0.022$。

（3）计算 $p(X|C_2)$

同理，可分别计算得到

$p(x_1|C_2) = \dfrac{|S_{21}|}{|C_2|} = \dfrac{3}{5}$，这里 $S_{21} = \{X_1, X_2, X_8\}$ 是 S 中天气 = "晴"且属于 C_2 的样本数。

$p(x_2|C_2) = \dfrac{|S_{22}|}{|C_2|} = \dfrac{2}{5}$，这里 $S_{22} = \{X_1, X_2\}$ 是 S 中温度 = "高"且属于 C_2 的样本数。

$p(x_3|C_2) = \dfrac{|S_{23}|}{|C_2|} = \dfrac{1}{5}$，这里 $S_{23} = \{X_6\}$ 是 S 中湿度 = "小"且属于 C_2 的样本数。

$p(x_4|C_2) = \dfrac{|S_{24}|}{|C_2|} = \dfrac{3}{5}$，这里 $S_{24} = \{X_1, X_2, X_8\}$ 是 S 中风力 = "无"且属于 C_2 的样本数。

因此，$p(X|C_2) = \dfrac{3}{5} \times \dfrac{2}{5} \times \dfrac{1}{5} \times \dfrac{3}{5} \approx 0.029$。

（4）求最大 $p(X|C_i)p(C_i)$

因为

$$p(X|C_1)p(C_1) \approx 0.022 \times \frac{9}{14} \approx 0.014$$

$$p(X|C_2)p(C_2) \approx 0.029 \times \frac{5}{14} \approx 0.010$$

所以

$$\max\{p(X|C_1)p(C_1), p(X|C_2)p(C_2)\} = p(X|C_1)p(C_1)$$

即把类别标号 $C_1 = $ "是"赋予 X，也就是后天的天气情况为 X 时，适宜外出旅游。

此例说明，贝叶斯分类能将 X 指派到最大值 $p(X|C_1)p(C_1)$ 对应的类 C_1 之中。

从理论上讲，与其他各种分类方法相比，贝叶斯分类具有最小的出错率。然而，实践应用中的结果并非如此。这是因为贝叶斯分类方法的条件属性独立性假设在实际应用中大部分得不到满足。但研究结果表明，贝叶斯分类器对于属性之间完全独立（Completely Independent）的数据集以及属性之间存在函数依赖（Functional Dependent）的数据集都具有较好的分类结果。

6.4 分类规则挖掘及其方法

6.4.1 K-最近邻分类

K-最近邻(K-Nearest Neighbour,KNN)分类算法是一种基于距离的分类方法,简称 K-最近邻法。与其他分类方法不同的是,它不需要事先利用样本集建立分类模型,再用测试集对分类模型进行评估,而是利用有类别标号的整个样本集 S,直接对没有类别标号的数据对象 Z_i 按照相异度进行分类,以此来确定类别标号。

假定样本集 S 中每个数据点都有一个唯一的类别标号,每个类别标号 C_i 中都有多个数据对象。对于一个没有标识的数据点 Z_i,K-最近邻分类算法的基本思想是遍历搜索样本集 S,找出距离未标识样本点 Z_i 最近的 K 个样本,也就是 K-最近邻集,并将其中多样本的类别标号分配给未标识的样本点 Z_i。

假设 Z_i 是未标识的数据点,K-最近邻分类算法描述如下:

算法 6.1 K-最近邻分类算法。

输入:已知类别标号的样本集 S,最近邻数目 K,一个待分类的数据点 Z_i。

输出:输出类别标号 C_i。

(1)初始化 K-最近邻集:$N \neq \varnothing$。

(2)对每一个 $X_i S$,分两种情况判断是否将其并入 N:

①如果 $|N| \leqslant K$,则 $N = N \cup \{X_i\}$。

②如果 $|N| > K$,存在 $d(Z_i, X_j) = \max(d(Z_i, X_r) \mid X_r \in N)$ 且 $d(Z_i, X_j) > d(Z_i, X_i)$,则 $N = N - \{X_j\}$,$N = N \cup \{X_i\}$。

(3)若 X_u 是 N 中数量最多的数据对象,则输出 X_u 的类别标号是 C_u,即 Z_u 的类标标号是 C_u。

6.4.2 粗糙集方法

粗糙集(Rough Set,RS)理论是建立在分类机制的基础上的,它将分类理解为在特定空间上的等价关系,而等价关系构成了对该空间的划分。粗糙集能够在缺少数据先验知识的情况下,只依照数据的分类能力,来解决模糊或不确定数据的分析和处理问题。粗糙集用于从数据库中发现分类规则,其基本思想是将数据库中的属性分为条件属性和决策属性,根据数据库中各个属性不同的取值分为相应的子集,然后根据条件属性划分的子集与决策属性划分的子集之间的上下近似关系生成判定规则。

6.4.3 支持向量机方法

支持向量机(Support Vector Machine,SVM)方法是一种对线性和非线性数据进行分类的方法。简要概括,SVM 是一种使用非线性映射的算法,将向量映射到一个更高维的空间,在这个空间里建立一个最大间隔的超平面。在分开数据的超平面两边建有两个互相平行的超平面。平行超平面间的距离越大,分类器的总误差越小。支持向量机分类器的特点就是可以同时最小化经验误差和最大化几何边缘区,因此支持向量机分类器也被称为最大边缘区分类器。

支持向量机方法的优点和缺点如下。

6.4.3.1 优点

(1)SVM 的决策函数只由少数的支持向量决定,计算的复杂性取决于支持向量的数量,而不是样本空间的维数,这在某种意义上避免了维数灾难。

(2)SVM 本质上是非线性方法,在样本量比较少的时候,容易捕捉数据与特征之间的非线性关系,因此可以解决非线性问题,避免神经网络结构选择和局部极小值的问题,提高泛化能力。

6.4.3.2 缺点

(1)SVM 对大规模训练样本难以实施。由于 SVM 是借助二次规划来解决支持向量问题的,而求解二次规划将涉及 m 阶矩阵的计算(m 为样本的个数),当 m 很大时,该矩阵的存储和计算将耗费大量的机器内存和运算时间。

(2)原始分类器不加修改仅适用于处理二分类问题。

(3)对缺失数据敏感,对参数调节和核函数的选择敏感,对非线性问题没有通用解决方案,需要谨慎选择核函数。

习题 6

1.简述分类规则挖掘的基本步骤。

2.简述分类算法的评估指标。

3.什么是分类模型或分类器?

4.什么是决策树?如何用决策树进行分类?

5.决策树的剪枝技术包括哪些?

6.给出在决策树中一个结点划分停止的常用标准。

7.以贝叶斯定理为基础的分类模型有哪些?

8.简述朴素贝叶斯分类的基本原理。

9.简述贝叶斯算法的优缺点。

10.简述支持向量机算法的优缺点。

11.ID3 算法的递归定义的基本步骤有哪些?

12.简述 K-最近邻分类算法的基本原理。

7 聚类分析方法 ■■■■■

聚类分析(Clustering Analysis)简称聚类(Clustering),又称为群分析,是数据挖掘研究中最为活跃、内容最为丰富的领域之一。聚类分析的目的是通过对数据的深度分析,将一个数据集拆分成若干个子集(每个子集称为一个簇,Cluster),使得同一个簇中的数据对象(也称数据点)之间的距离很近或相似度较高,而不同簇中的数据对象之间的距离很远或相似度较低。

本章详细介绍聚类分析原理、分析过程,常见的聚类分析算法,如 K-means 算法、K-中心点算法等,以及聚类质量评价。

7.1 | 聚类分析原理

7.1.1 聚类的含义

聚类分析是根据某种相似性度量标准,将一个没有类别标号的数据集 S(如表 7.1 所示),直接拆分成若干个子集 $C_i(i=1,2,\cdots,k;k\leqslant n)$,并使每一个子集内部数据对象之间的相似度很高,而不同子集的数据对象之间不相似或相似度很低。每一个子集 C_i 称为一个簇,这些簇所构成的集合 $C=\{C_1,C_2,\cdots,C_k\}$ 称为 S 的一个聚类。

表 7.1　没有类别标号的数据集 S

数据 id	A_1	A_2	$\cdots$	A_d	C
X_1	x_{11}	x_{12}	$\cdots$	x_{1d}	?
X_2	x_{21}	x_{22}	$\cdots$	x_{2d}	?
$\vdots$	$\vdots$	$\vdots$	$\vdots$	$\vdots$	?
X_i	x_{i1}	x_{i2}	$\cdots$	x_{id}	?
$\vdots$	$\vdots$	$\vdots$	$\vdots$	$\vdots$	?
X_n	x_{n1}	x_{n2}	$\cdots$	x_{nd}	?

聚类分析与分类规则挖掘明显不同。在分类规则挖掘中,为了建立分类模型而分析的数据对象的类别标号是已知的;而在聚类分析的数据集 S 中没有已知的先验知识来指导,即对象的类别标号是未知的。它要求直接从 S 本身出发,依据某种相似度标准为 S 的每个对象给出类别标号。因此,聚类分析也称为无监督的分类(Unsupervised

Classification)。对于同一个数据集,就算使用同一个聚类算法,如果选择的相似度标准不同,通常也会得到不同的聚类结果。

作为一种数据挖掘方法,聚类分析也可以用来洞察数据的分布,观察每个簇的特征,进一步分析集中在特定簇集合上的数据对象。另外,聚类分析可以作为其他算法(如特征化、属性子集选择和分类)的预处理步骤,之后这些算法将在检测到的簇和选择的属性集上进行分类。

由于簇是数据对象的集合,簇内的对象彼此相似,而与其他簇的对象不相似,因此数据对象的簇可以看作隐含的类。在这种意义下,聚类有时又称自动分类。聚类分析的突出优点是可以自动地发现这些分组。

在某些应用中,聚类又叫作数据分割(Data Segmentation),因为它根据数据的相似性把大型数据集合划分成组。聚类还可以用于离群点检测(Outlier Detection),其中离群点("远离"任何簇的值)可能比普通情况更值得关注。离群点检测的应用包括信用卡欺诈检测和电子商务中的犯罪活动监控。

目前,聚类分析技术已经广泛应用到许多领域,包括生物学研究、信息检索、医学领域研究、气象领域和电子商务等。在生物学研究中,科学家们可以通过聚类算法来分析大量的遗传信息,从而发现哪些基因组具有类似的功能,以此获得对种群的认识;在信息检索方面,聚类算法可以将搜索引擎返回的结果划分为若干个类,从每个类中获取查询的某个特定方面,从而产生一个类似树状的层次结构来帮助用户进一步探索查询结果;在医学领域研究方面,一种疾病通常会有多个变种,而聚类分析可以根据患者的症状描述来确定患者的疾病类型,以此来提高诊断效率和增强治疗效果;在气象领域,聚类分析已经被用来发现对气候具有明显影响的海洋大气压力模式;在电子商务中,聚类分析可以对用户群体进行细分,并针对不同类型的用户进行不同的营销策略,以此来提升销售额度。

7.1.2 聚类分析的基本过程

典型的聚类分析过程如图 7.1 所示,其中各部分的说明如下:

(1)数据准备:为聚类分析准备数据,包括数据的预处理。

(2)属性选择:从最初的属性中选择最有效的属性用于聚类分析。

(3)属性提取:通过对所选属性进行转换形成更有代表性的属性。

(4)聚类:采用某种聚类算法对数据进行聚类或分组。

(5)结果评估:对聚类生成的结果进行评价。

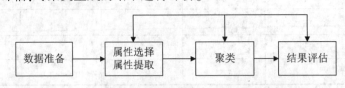

图 7.1　典型的聚类分析过程

聚类分析就是要对给定的数据集 S,选择恰当的相似性标准,有时还要指定簇的个数 k,经过一定的计算得到聚类 C。因此,我们可以给出一个聚类算法框架。

算法 7.1 聚类算法框架。

输入：数据集 S、相似度 s，以及簇的个数 k。

输出：聚类 $C = \{C_1, C_2, \cdots, C_k\}$。

（1）任意产生 S 的一个聚类 C。

（2）以 s 为相似性标准对 S 循环更新聚类 C 的簇 $C_1, C_2, \cdots, C_k$，直到"满意"为止。

从这个聚类算法框架可以看出，聚类分析的输入是数据集 S、相似度 s，以及簇的个数 k，其聚类过程就是循环地对 S 中的对象计算相似度 s 并更新聚类 C 的簇 $C_1, C_2, \cdots,$ C_k，而算法停止的标准就是聚类 C 令人"满意"，而"满意"的标准一般是簇内对象之间的距离很近，簇与簇之间的距离很远。

算法 7.1 仅仅是一个聚类分析算法框架，还需要根据具体的实际问题选择合适的相似度，并设计或构造簇的更新方法。

随着大数据时代的到来，聚类分析的数据集 S 不仅数据量特别巨大，而且维度高，属性类型多样化。因此，数据挖掘的实际应用对聚类算法提出了以下性能要求：

（1）数据集的可伸缩能力

许多聚类算法在小于几百个对象的小数据集上进行聚类时性能很好，但是在包含几百万或者几千万个对象的大数据集上进行聚类时性能不佳。而随着大型数据库、数据仓库的广泛应用，特别是大数据时代的到来，对大数据的聚类已成为现实的迫切需求。因此，聚类算法必须具有可伸缩能力，即不仅需要在小数据集上聚类效果好，在大数据集上的聚类也要效率高、效果好。

（2）处理混合属性的能力

许多聚类算法是为聚类数值（基于区间）的数据设计的，对数值型属性的数据集的聚类效果很好，但对混合属性的数据集无能为力。在实际应用中，大型数据库和数据仓库等通常都具有混合属性，因此，要求聚类算法能够处理同时含有二元、分类、序数和数值等属性的混合数据集。最近，越来越多的应用需要对诸如图、序列、图像和文档等复杂数据类型进行聚类。

（3）发现任意形状簇的能力

许多聚类算法基于欧几里得或曼哈顿距离度量来确定簇，基于这些距离度量的算法趋向于发现具有相近尺寸和密度的球状簇。然而，一个簇可能是任意形状，且大小和密度差异较大。例如，传感器通常用于环境检测。传感器读数上的聚类分析可能会揭示有趣的现象。我们常常会用非球形的聚类发现森林大火蔓延的边缘。

（4）聚类参数自适应能力

大多数聚类算法要求用户输入一些初始参数，如簇的个数 k、密度半径 ε 等，这些参数不仅难以确定，而且聚类结果非常敏感。因此，要求聚类算法对输入参数有一定的自适应能力，从而降低初始参数对聚类的结果的影响，以此来保障聚类的质量。

（5）噪声数据的处理能力

大多数的数据集中会存在不少孤立的点、未知数据或错误的数据。许多聚类算法无法识别这一类数据，就可能导致聚类质量下降。因此，具有噪声数据处理能力的聚类算法可以降低或消除"噪声"数据影响，以提高聚类结果的质量。例如，传感器读数都是有噪声的，有些读数可能因为传感器机制问题而不正确，而有些读数可能因为周围对象的瞬时干扰而出错。一些聚类算法可能对这样的噪声敏感,从而产生低质量的聚类结果。因此,需要对噪声鲁棒的聚类方法。

(6)数据输入顺序的适应能力

有些聚类算法对输入数据的顺序敏感,按不同的顺序输入提交同一组数据时,会产生不同的聚类结果。聚类算法应具有适应数据集任意输入顺序的能力,这样才有助于提高聚类结果的稳定性。需要开发增量聚类算法和对数据输入次序不敏感的算法。

(7)处理高维数据的能力

数据集可能包含大量的维和属性,很多聚类算法只能高效地处理二维或三维的数据,当处理高维数据时,不仅性能下降,聚类效果也会变得很差,但实际数据库或数据仓库中的数据,可能包含几十个甚至更多的属性。因此,能够有效处理高维数据的聚类算法才更加符合实际需要。

(8)带约束条件的聚类能力

现实世界的应用可能需要在各种约束条件下进行聚类。假设你的工作是在一个城市中心为给定数目的自动提款机(ATM)选择安放位置。为了做出决定,你可以对住宅进行聚类,同时考虑城市的河流、公路网、每个簇的客户的类型和数量等情况。找到既满足特定的约束又具有良好聚类特性的数据分组是一项具有挑战的任务。

(9)可解释性和可用性

用户希望聚类结果是可解释的、可用的和可理解的。也就是说,聚类可能需要与特定的语义理解和应用相联系。重要的是,研究应用目标如何影响聚类特征和聚类方法的选择。

下面是可以用于比较聚类方法的各个方面:

(1)划分准则

在某些方面,所有的对象都被划分,使得簇之间不存在层次结构。也就是说,所有簇都在相同的层。例如,把客户分组,使得每组都有自己的经理。另外,还有分层划分数据对象的方法,簇可以在不同的语义层形成。例如,在文本挖掘中,我们可能想把文档资料组织成多个一般的主题,如"政治""体育",每个主题都可能有子主题,例如"体育"可能有"足球""篮球""棒球""网球"四个子主题。在层次结构中,后四个子主题都处于比"体育"低的层次。

(2)簇的分离性

有些聚类方法把数据对象划分成互斥的簇。把客户聚类成组,每组由一位经理负责,此时每个客户可能只属于一个组。在其他一些情况下,簇可以不是互斥的,也就是一个数据对象可以属于多个簇。例如,在把文档聚类到主题时,一个文档可能与多个主题有关。因此,作为簇的主题可能不是互斥的。

(3)相似性度量

对象之间的距离也可以确定两个对象之间的相似性。这种距离可以在欧氏空间、公路网、向量空间或其他空间中定义。在其他方法中,相似性可以用基于密度的连续性或邻近性定义,并且可能不依赖于两个对象之间的绝对距离。相似性度量在聚类方法的设计中发挥重要作用。尽管基于距离的方法常常可以利用最优化技术,但是基于密度或基于连通性的方法常常可以发现任意形状的簇。

（4）聚类空间

许多聚类方法在整个给定的数据空间中搜索簇。这些方法对于低维数据是有用的，然而对于高维数据，可能有许多不相关的属性，使得其相似性度量不可靠。因此，在整个空间中发现的簇常常没有意义，最好是在相同数据集的不同子空间内搜索簇。子空间聚类发现揭示对象相似性的簇和子空间。

总之，聚类算法有很多要求。这些因素包括可伸缩性和处理不同属性类型、噪声数据、增量更新、任意形状的簇和约束能力。可解释性和可用性也是十分重要的。此外，关于划分的层次、簇是否可斥、所使用的相似性度量、是否在子空间聚类，聚类方法也可能有差别。

7.2 聚类分析算法

7.2.1 K-means 算法

7.2.1.1 算法概要

K-means 算法又称为 K-平均算法，是一种基于距离的聚类算法，该算法采用距离作为相异度的评价指标，认为两个对象的距离越近，其相似度越大。该算法认为簇是由距离靠近的对象组成的，因此把得到紧凑且独立的簇作为最终目标。

设聚类 $C = \{C_1, C_2, \cdots, C_k\}$，则它的簇内差异可用每个簇的簇内中心距离平方和之和来表示，即聚类 C 的簇内差异定义为

$$\omega(C) = \sum_{i=1}^{k} \omega(C_i) = \sum_{i=1}^{k} \sum_{X \in C_i} d(X, \overline{X_i})^2 \tag{7.1}$$

其中，$\overline{X_i}$ 是簇 C_i 的中心点，被定义为

$$\overline{X_i} = \frac{1}{|C_i|} \sum_{X \in C_i} X \tag{7.2}$$

簇间中心距离也称为簇间均值距离。值得注意的是，一个簇的中心常常不是该簇中的一个对象，因此，簇中心也称为虚拟对象。

K-means 算法以式（7.1）表示的簇内差异函数 $\omega(C)$ 作为聚类质量的优化评价函数，即将所有数据对象到它的簇的中心点的距离平方和之和作为评价函数，算法寻找最优聚类的策略是使评价函数达到最小值。

K-means 算法过程描述如下：

算法 7.2 基本 K-means 算法。

输入：数据对象集 $S = \{X_1, X_2, \cdots, X_k\}$ 和正整数 k。

输出：划分聚类 $C = \{C_1, C_2, \cdots, C_k\}$。

（1）初始化：从 S 中随机选择 k 个对象作为 k 个簇的中心，并将它们分别分配给 C_1、

C_2、…、C_k。

(2)REPEAT。

(3)将 S 中的每个对象 X_i 归入距离中心最近的那个簇 C_j。

(4)重新计算每个簇 C_j 的中心,即每个簇中的对象的平均值。

(5)UNTIL 所有簇的中心不再变化。

7.2.1.2　算法实例

例 7.1　设有数据集 $S = \{(1,1),(2,1),(1,2),(2,2),(4,3),(5,3),(4,4),(5,4)\}$,令 $k = 2$,试用 K-平均算法划分为 k 个簇。

解: 显然数据集 S 可用表 7.2 所示。

表 7.2　数据集 S 的属性

id	A_1	A_2
X_1	1	1
X_2	2	1
X_3	1	2
X_4	2	2
X_5	4	3
X_6	5	3
X_7	4	4
X_8	5	4

由于 $k = 2$,因此 S 的聚类 $C = \{C_1, C_2\}$,根据 K-平均算法 7.2,循环计算如下:

(1)初始化:任选 $X_1 = (1,1)$,$X_3 = (1,2)$ 分别作为簇的中心,即 $C_1 = \{X_1\}$,$C_2 = \{X_3\}$。

(2)第一轮循环。

注意到 X_1,X_3 已经分配给 C_1 和 C_2,因此:

①计算 X_2 的归属:因为 $d = (X_2, X_1)^2 = 1$,$d = (X_2, X_3)^2 = 2$ 且 1<2,所以 X_2 归 X_1 代表的簇,即 $C_1 = \{X_1, X_2\}$,$C_2 = \{X_3\}$。

②计算 X_4 的归属:因为 $d = (X_4, X_1)^2 = 2$,$d = (X_4, X_3)^2 = 1$ 且 2>1,所以 X_4 归 X_3 代表的簇,即 $C_1 = \{X_1, X_2\}$,$C_2 = \{X_3, X_4\}$。

③计算 X_5 的归属:因为 $d = (X_5, X_1)^2 = 13$,$d = (X_5, X_3)^2 = 10$ 且 13>10,所以 X_5 归 X_3 代表的簇,即 $C_1 = \{X_1, X_2\}$,$C_2 = \{X_3, X_4, X_5\}$。

④同理 X_6、X_7、X_8 也归入 X_3 代表的簇,所以可以得到初始簇为

$$C_1 = \{X_1, X_2\}, C_2 = \{X_3, X_4, X_5, X_6, X_7, X_8\}$$

⑤重新计算得到 C_1 和 C_2 的中心点分别是

$$\overline{X}_1 = (1.5, 1), \overline{X}_2 = (3.5, 3)$$

(3)第二轮循环。

分别将 X_1、X_2、…、X_8 分配到最近的中心点 $\overline{X}_1$ 或 $\overline{X}_2$。

①因为 $d(X_1, \overline{X}_1)^2 = 0.25 < d(X_1, \overline{X}_2)^2 = 10.25$,

所以将X_1分配给$\overline{X}_1$代表的簇,即$C_1=\{X_1\}$,$C_2=\varnothing$。

②因为$d(X_2,\overline{X}_1)^2=0.25<d(X_2,\overline{X}_2)^2=6.25$,

所以将X_2分配给$\overline{X}_1$代表的簇,即$C_1=\{X_1,X_2\}$,$C_2=\varnothing$。

③类似计算可知,应将X_3、X_4分配给$\overline{X}_1$代表的簇,可得

$$C_1=\{X_1,X_2,X_3,X_4\},C_2=\varnothing$$

④因为$d(X_5,\overline{X}_1)^2=10.25>d(X_2,\overline{X}_2)^2=0.25$,

所以将X_5分配给$\overline{X}_2$代表的簇,即$C_1=\{X_1,X_2,X_3,X_4\}$,$C_2=\{X_5\}$。

⑤同理将X_6、X_7、X_8也归入$\overline{X}_2$代表的簇,所以可以得到划分

$$C_1=\{X_1,X_2,X_3,X_4\},C_2=\{X_5,X_6,X_7,X_8\}$$

⑥重新计算得到C_1和C_2的中心点分别是

$$\overline{X}_1=(1.5,1.5),\overline{X}_2=(4.5,3.5)$$

(4)第三轮循环。

分别将X_1、X_2、…、X_8分配到最近的中心点$\overline{X}_1$或$\overline{X}_2$。

类似第二轮循环的计算,最终可以得到S的两个簇

$$C_1=\{X_1,X_2,X_3,X_4\},C_2=\{X_5,X_6,X_7,X_8\}$$

重新计算得到C_1和C_2的中心点分别是

$$\overline{X}_1=(1.5,1.5),\overline{X}_2=(4.5,3.5)$$

由于簇中心已经没有变化,因此算法停止,并输出聚类

$$C=\{C_1,C_2\}=\{\{X_1,X_2,X_3,X_4\},\{X_5,X_6,X_7,X_8\}\}$$

7.2.1.3 算法分析说明

(1)算法的优点

①K-平均算法计算简单,是解决聚类问题的一种经典算法。

②K-平均算法以k个簇的误差平方和最小为目标,当聚类的每个簇是密集的,且簇与簇之间区别明显时,其聚类效果较好。

③K-平均算法对处理大数据集是高效的,而且具有较好的可伸缩性。因为它的计算复杂性为$O(n\times k\times t)$,其中n指的是数据对象的个数,k为簇的个数,t是迭代的次数,在通常情况下$k\ll n$且$t\ll n$。

(2)算法的缺点

①K-平均算法对初始中心点的选择比较敏感,即使是同一个数据集,如果初始中心点选择不同,其聚类结果也可能不同。然而算法必须由初始聚类中心确定初始划分,才能循环地对初始划分进行迭代优化,而初始中心点的选择对聚类结果有较大的影响。

②K-平均算法对参数k是比较敏感的,即使是同一个数据集,如果k选择不同,其聚类结果可能完全不一样。而算法要求用户只有事先给定簇的个数k,才能运行,而这个k值的选定是难以估计的。因为在很多时候,事先并不知道给定的数据集应该划分成多少个簇才是最合适的。

③K-平均算法以簇内对象的平均值作为簇中心来计算簇内误差,在连续属性的数

据集上很容易实现,但在具有离散属性的数据集上不能适用。

7.2.2 K-中心点算法

为了降低 K-平均算法对噪声数据的敏感性,K-中心点(K-medoids)算法不采用簇的平均值(通常不是簇中的对象,称为虚拟点)作为簇中心点,而是选择簇中一个离平均值最近的具体对象作为簇中心点。

7.2.2.1 算法原理

K-中心点算法选择一个簇中位置距平均值点最近的对象替换 K-平均算法的平均值中心点。其基本计算过程为,首先为每个簇随机选择一个代表对象(中心点),其余对象(非中心点)分配给最近的代表对象所在的簇。然后反复地用一个非代表对象替换一个代表对象,使其聚类质量更好(用某种代价函数评估),直到聚类质量无法提高为止。

设数据集 $S = \{X_1, X_2, \cdots, X_n\}$,任选 k 个对象,记 $O_i(i=1,2,\cdots,k)$ 作为数据集 S 的中心点,则剩余 $(n-k)$ 个对象称为非中心点,并将它们分配给最近的中心点,得到聚类 $C = \{C_1, C_2, \cdots, C_k\}$,其中 C_i 的中心点为 O_i。

若中心点 O_i 被一个非中心点 Q_r 替换,就得到新的中心点集合 $O = \{O_1, O_2, \cdots, O_{i-1}, Q_r, O_{i+1}, \cdots, O_k\}$(将 Q_r 称为新中心点,其余的称为老中心点),则可能引起 S 中的每个对象 X_j 到新中心点的距离变化,将这种变化之和称为代价,记作

$$E_{ir} = \sum_{j=1}^n W_{jir} \tag{7.3}$$

其中,W_{jir} 表示 X_j 因 O_i 被 Q_r 替换而产生的代价,并用替换前后 X_j 到中心点的距离之差表示,且 W_{jir} 的值因 X_j 原先是否在 O_i 代表的簇中存在两种不同的计算方法。

(1)若 X_j 原先属于 O_i 的簇 C_i,则又有以下两种情况:

① X_j 现在离某个之前的中心点 $O_m(m \neq i)$ 最近[如图 7.2(a)所示],则 X_j 被重新分到 O_m 的簇,其代价

$$W_{jir} = d(X_j, O_m) - d(X_j, O_i) \tag{7.4}$$

② X_j 现在离新中心点 Q_r 最近[如图 7.2(b)所示],则 X_j 被重新分到 Q_r 的簇,其代价

$$W_{jir} = d(X_j, Q_r) - d(X_j, O_i) \tag{7.5}$$

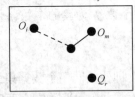 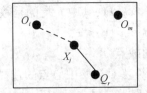

(a) X_j 被重新分到 O_m 的簇 　　　　(b) X_j 被重新分到 Q_r 的簇

图 7.2　X_j 原先属于 O_i 的簇被重新分配的两种情况

(2)若 X_j 原先属于某个老中心点 O_m 的簇 $C_m(m \neq i)$,则又有以下两种情况:

① X_j 现在离该中心点 $O_m(m \neq i)$ 最近[如图 7.3(a)所示],则 X_j 保留在 O_m 的簇中,其代价

$$W_{jir} = 0$$

②X_j现在离新中心点Q_r最近[如图7.3(b)所示],则X_j重新分配到Q_r的簇,其代价

$$W_{jir} = d(X_j, Q_r) - d(X_j, O_i) \tag{7.6}$$

由于中心点有k个,非中心点有$(n-k)$个,因此,中心点O_i被一个非中心点Q_r替换就有$[(n-k) \times k]$个不同的代价。

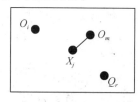
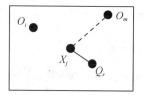

(a) X_j被重新分到O_m的簇   (b) X_j被重新分到Q_r的簇

图7.3 X_j原先属于某个老中心点O_m的簇被重新分配的两种情况

如果$E_{ih} = \min\{E_{ir} | i = 1, 2, \cdots k; r = 1, 2, \cdots, n-k\}$且$E_{ih} < 0$,则将中心点$O_i$用非中心点$Q_h$替换,使得$S$中的每个点到中心点集的距离之和减小,即提高了聚类的总体质量。

在得到新的中心点集之后,继续寻找可替换的中心点,直到中心点集没有变化为止。

7.2.2.2　算法描述

K–中心点聚类算法的计算步骤如下:

算法7.3　K–中心点聚类算法。

输入:簇的个数k和数据集$S = \{X_1, X_2, \cdots, X_n\}$。

输出:代价最小的聚类$C = \{C_1, C_2, \cdots, C_k\}$。

(1)从S中随机选k个对象作为中心点集$O = \{O_1, O_2, \cdots, O_k\}$。

(2)REPEAT。

(3)将所有非中心点分配给离它最近的中心点,并得到聚类C。

(4)FOR $i = 1, 2, \cdots, k$。

(5)FOR $r = 1, 2, \cdots, n-k$。

(6)计算S中每个X_j因中心点O_i被非中心点Q_r替换后重新分配的代价W_{jir}。

(7)$E_{ir} = W_{1ir} + W_{2ir} + \cdots + W_{nir}$。

(8)END FOR。

(9)END FOR。

(10)$E_{ih} = \min\{E_{ir} | i = 1, 2, \cdots, k; r = 1, 2, \cdots, n-k\}$。

(11)如果$E_{ih} < 0$,则将O_i用Q_r替换,得到新中心点集$O = \{O_1, O_2, \cdots, O_{i-1}, Q_r, O_{i+1}, \cdots, O_k\}$。

(13)UNTIL 中心点集O不再变化。

(14)输出$C = \{C_1, C_2, \cdots, C_k\}$。

7.2.3　层次聚类策略

层次聚类对给定的数据集进行层次的分解,直到某种条件满足为止,具体又可以采用凝聚的(Agglomerative)和分裂的(Divisive)两种。

7.2.3.1 凝聚的层次聚类

凝聚的层次聚类是一种自底向上的策略。首先将每个对象作为一个簇,然后合并这些原子簇为越来越大的簇,直到所有的对象都在一个簇中,或者某个终结条件被满足。绝大多数层次聚类属于这一类,区别仅在于簇间相似度的选择上。

7.2.3.2 分裂的层次聚类

分裂的层次聚类与凝聚的层次聚类相反,是自顶向下的策略。它首先将所有对象放置在一个簇中,然后逐渐细分为越来越小的簇,直到每个对象自成一簇,或者达到了某个终止条件。

凝聚的层次聚类的代表是 AGNES(Agglomerative Nesting)算法,分裂的层次聚类的代表是 DIANA(Divisive Analysis)算法。图 7.4 描述了 5 个数据对象的层次聚类过程。

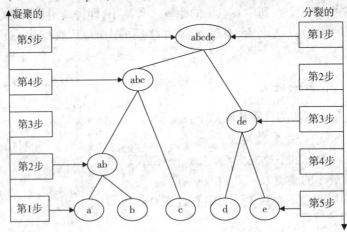

图 7.4 凝聚的与分裂的层次聚类过程

最初,AGNES 将每个对象作为一个簇,然后根据某种准则(簇间距离最近或簇间相似度最大),将这些簇一步一步合成较大的簇。例如,如果簇 C_1 与簇 C_2 之间的距离比其他任意两个簇的距离都小,则将 C_1 与 C_2 合并成一个簇。合并后的簇与其他簇同等看待,继续寻找簇间距离最小的两个簇,并将其合并,直到所有的对象最终都在一个簇中。

7.3 聚类质量评价

如果我们已经通过估计得到聚类的簇数 k,就可以使用一种或多种聚类方法(比如 K-平均算法,凝聚的层次算法或者 DBSCAN 算法等)对已知数据集进行聚类分析,并得到多种不同的聚类结果。

目前,对聚类质量评价的方法有很多种,但一般分为两大类,即聚类外部(Extrinsic)质量评价方法和聚类内部(Intrinsic)质量评价方法。

7.3.1 聚类外部质量评价方法

聚类外部质量评价假设数据集已经存在一种理想的聚类(通常由专家构建),并将其作为常用的基准方法与某种算法的聚类结果进行比较,其比较评价主要有比较聚类熵和聚类精度两种常用方法。

7.3.1.1 聚类熵

假设数据集 $S = \{X_1, X_2, \cdots, X_n\}$,且 $T = \{T_1, T_2, \cdots, T_m\}$ 是由专家给出的理想标准聚类,而 $C = \{C_1, C_2, \cdots, C_k\}$ 是某个算法关于 S 的一个聚类,则簇 C_i 相对于基准 T 的聚类熵定义为

$$E(C_i \mid T) = -\sum_{j=1}^{m} \frac{|C_i \cap T_j|}{|C_i|} \log_2 \frac{|C_i \cap T_j|}{|C_i|} \tag{7.7}$$

而 C 关于基准 T 的整体聚类熵定义为所有簇 C_i 关于基准 T 的聚类熵的加权平均值,即

$$E(C) = \frac{1}{\sum_{i=1}^{k} |C_i|} \sum_{i=1}^{k} |C_i| \times E(C_i \mid T) \tag{7.8}$$

聚类熵方法认为,$E(C)$ 值越小,则聚类 C 相对于基准 T 的聚类质量越高。

值得注意的是,$\sum_{i=1}^{k} |C_i|$ 是每个簇中元素个数之和,且不能用 n 去替换。因为,只有当 C 是一个划分聚类时,分母才为 n,而一般的聚类方法,比如 DBSCAN 的聚类,其分母可能小于 n。

7.3.1.2 聚类精度

聚类精度(Precision)评价的基本思想是使用簇中数目最多的类别作为该簇的类别标记,即对于簇 C_i,如果存在 T_j 使 $|C_i \cap T_j| = \max\{|C_i \cap T_1|, |C_i \cap T_2|, \cdots, |C_i \cap T_m|\}$,则认为 C_i 的类别是 T_j。

因此,簇 C_i 相对于基准 T 的聚类精度定义为

$$J(C_i \mid T) = \frac{\max\{|C_i \cap T_1|, |C_i \cap T_2|, \cdots, |C_i \cap T_m|\}}{|C_i|} \tag{7.9}$$

而 C 关于基准 T 的整体聚类精度定义为所有簇 C_i 关于基准 T 的聚类精度的加权平均值,即

$$J(C) = \frac{1}{\sum_{i=1}^{k} |C_i|} \sum_{i=1}^{k} |C_i| \times J(C_i \mid T) \tag{7.10}$$

聚类精度方法认为,$J(C)$ 值越大,则聚类 C 相对于基准 T 的聚类质量越好。

此外,一般将 $1-J(C)$ 称为 C 关于基准 T 的整体错误率。因此,聚类精度 $J(C)$ 大或者整体错误率 $1-J(C)$ 小,都说明聚类算法将不同类别的对象较好地聚集到了不同的簇中,即聚类准确性高。

▓▌ 7.3.2 聚类内部质量评价方法

聚类内部质量评价没有已知的外在基准,仅仅利用数据集 S 和聚类 C 的固有特征和量值来评价一个聚类 C 的质量。即一般通过计算簇内平均相似度、簇间平均相似度或整体相似度来评价聚类效果。

聚类内部质量评价与聚类算法有关,聚类的有效指标主要用来评价聚类效果的优劣或判断最优簇的个数,理想的聚类效果是具有最小的簇内距离和最大的簇间距离,因此,聚类有效性一般都通过簇内距离和簇间距离的某种形式的比值来度量。这类指标常用的有 CH 指标、Dunn 指标、I 指标、Xie-Beni 指标等。

7.3.2.1 CH 指标

CH 指标是 Calinski-Harabasz 指标的简写,等于分离度与紧密度的比值。类内的紧密度用每个簇的各点与其簇中心距离的平方和之和来度量;数据集的分离度用各个簇中心点与数据集中心点距离的平方的加权和来度量。

设 $\overline{X_i}$ 表示簇 C_i 的中心点(均值),$\overline{X}$ 表示数据集 S 的中心点,$d(\overline{X_i},\overline{X})$ 为 $\overline{X_i}$ 到 $\overline{X}$ 的某种距离函数,则聚类 C 中簇的紧密度定义为

$$Trace(A) = \sum_{i=1}^{k} \sum_{X_j \in C_i} d(X_j, \overline{X_i})^2 \tag{7.11}$$

因此,$Trace(A)$ 是聚类 C 的簇内中心距离平方和之和。

而聚类 C 中簇的分离度定义为

$$Trace(B) = \sum_{i=1}^{k} \sum_{X_j \in C_i} d(X_j, \overline{X_i})^2 \tag{7.12}$$

即 $Trace(B)$ 是聚类 C 的每个簇中心点到数据集 S 的中心点距离平方的加权和。

由此,若令 $N = \sum_{i=1}^{k} |C_i|$,则 CH 指标定义为

$$V_{CH}(k) = \frac{Trace(B)/(k-1)}{Trace(A)/(N-k)} \tag{7.13}$$

CH 指标一般在以下两种情况下使用:

(1)评价两个算法所得聚类哪个更好。

假设两个算法对数据集 S 进行聚类分析,分别得到两个不同的聚类(都包含 k 个簇),则 $V_{CH}(k)$ 值大的对应的聚类更好。因此 $V_{CH}(k)$ 值越大,意味着聚类中每个簇自身越紧密,且簇与簇之间更分散。

(2)评价同一算法所得包含两个不同簇数的聚类哪个更好。

假设某个算法对数据集 S 进行聚类分析,分别得到簇数 k_1 和 k_2 的两个聚类,则 $V_{CH}(k)$ 大的聚类效果更好,同时说明该聚类对应的簇数更恰当。因此,反复利用 CH 指标公式可以求得一个数据集 S 聚类的最佳簇数。

7.3.2.2 Dunn 指标

Dunn 指标使用簇 C_i 和簇 C_j 之间的最小距离 $d_s(C_i, C_j)$ 来计算簇间分离度,同时使用

所有簇中最大的簇直径 $\max\{\Phi(C_1),\Phi(C_2),\cdots,\Phi(C_k)\}$ 来刻画簇内紧密度，Dunn 指标就是分离度与紧密度比值的最小值

$$V_D(k)=\min_{i\neq j}\frac{d_s(C_i,C_j)}{\max\{(\Phi(C_1),\Phi(C_2),\cdots,\Phi(C_k))\}} \tag{7.14}$$

从式(7.14)中可以看出，$V_D(k)$ 越大，簇与簇之间的间隔就越远，从而对应的聚类就越好。类似 CH 评价指标，Dunn 指标不仅可以用于评价不同算法所得聚类哪个更好，也可以用于评价同一算法所得包含不同簇数的聚类哪个更好，即可以用于寻求数据集 S 的最佳簇数。

习题 7

1.什么是聚类？聚类算法的原理是什么？

2.简述聚类和分类两者的区别。

3.简述聚类分析方法的基本思想。

4.简述 K-means 算法的基本步骤。

5.K-中心点算法的基本原理是什么？

6.影响聚类算法结果的主要因素有哪些？

7.简述 K-means 算法和 K-中心点算法相比较的优缺点。

8.在聚类方法中，哪些方法不具有单调性？

9.简述 K-means 算法和 K-中心点算法这两种算法与层次聚类策略相比有何优缺点。

10.对下列每种情况给出一个应用实例：

(1)把聚类方法作为主要的数据挖掘功能的应用。

(2)把聚类方法作为预处理工具，为其他数据挖掘任务做数据准备的应用。

11.简述层次聚类有哪些策略。

8 神经网络与深度学习 ■■■■

近年来,以神经网络为主要模型结构的深度学习方法发展快速,并已成功应用于各类数据挖掘任务。本章重点介绍前馈神经网络、卷积神经网络、循环神经网络和注意力机制,并结合实例介绍如何使用深度学习方法解决具体的数据挖掘任务。

8.1 神经网络与深度学习的概述

8.1.1 神经网络

随着神经科学、认知科学的发展,我们逐渐认识到人类的智能行为都和大脑活动有关。人类大脑是一个可以产生意识、思想和情感的器官。受到人脑神经系统的启发,早期的神经科学家构造了一种模仿人脑神经系统的数学模型,称为人工神经网络,简称神经网络。在机器学习领域,神经网络是指由很多人工神经元构成的网络结构模型,这些人工神经元之间的连接强度是可学习的参数。

人工神经网络本质上是受到大脑神经网络的启发而建立的数学模型。这一模型通过对大脑神经网络进行抽象来构建人工神经元,并且按照一定的拓扑结构建立起人工神经元之间的连接,从而模拟人类大脑。在人工智能领域,人工神经网络也常常简称为神经模型。人工神经网络从结构、实现机理和功能等方面来模拟人类大脑神经网络。

人工神经网络模仿大脑神经网络中神经元的原理,由若干个人工神经元相互连接而成,可以用来对各种数据之间的复杂关系进行建模。在建模的过程中,不同人工神经元之间的连接被赋予不同的权重,每个权重代表一个人工神经元对另一个人工神经元影响的强度。每一个神经元可以表示一个特定的函数,来自其他人工神经元的信息经过与之相应的权重综合计算,输入一个激励函数并得到一个表示兴奋或抑制的新值。

人工神经网络诞生之初并不是用来解决机器学习问题的。由于人工神经网络可以用作一个通用的函数逼近器(一个两层的神经网络可以逼近任意连续函数),因此可以将人工神经网络看作一个可学习的函数,并将其应用到机器学习中。理论上,只要有足够的训练数据和神经元数量,人工神经网络就可以拟合成很多复杂的函数。一般情况下,人工神经网络塑造复杂函数的能力称为网络容量,这与可以被储存在网络中的信息的复杂度以及数量相关。

8.1.2　深度学习

为了学习一种好的表示,通常需要构建具有一定深度的学习模型,并通过学习算法来让模型自动学习并获得好的特征表示(从底层特征,到中层特征,再到高层特征),从而最终提高预测模型的准确率。深度是指原始数据进行非线性特征转换的次数。如果把一个表示学习系统看作一个有向图结构,深度也可以看作从输入节点到输出节点所经过的最长路径的长度。

这样就需要一种学习方法可以从数据中学习一个深度模型,这就是通常所说的深度学习(Deep Learning,DL)。深度学习是传统机器学习的一个子问题,其核心目的是从数据中自动学习有效的特征表示。

目前,深度学习采用的模型主要是神经网络模型,其主要原因是神经网络模型可以使用误差反向传播算法,从而可以比较好地解决贡献度分配问题。只要是超过一层的神经网络都会存在贡献度分配问题,因此可以将超过一层的神经网络都看作深度学习模型。随着深度学习的快速发展,模型深度也从早期的5~10层增加到目前的数百层。

8.2　前馈神经网络

在过去的几十年里,前馈神经网络(Feedforward Neural Network,FNN)一直受到研究人员的关注,前馈神经网络在众多现实问题中的应用证明了它的成功。前馈神经网络的设计与优化通常从权重优化、网络结构优化、激活节点优化、学习参数优化、学习环境优化等多个角度展开,主要是为了提高前馈神经网络的泛化能力。

前馈神经网络是一种特殊类型的神经网络模型。前馈神经网络的结构特点使其格外具有吸引力,其主要原因是它允许以结构/网络形式感知计算模型(函数)。此外,前馈神经网络的结构使其成为一个具有逼近任何连续函数能力的通用函数逼近器。因此,前馈神经网络可以应用于大量实际任务中,如模式识别、聚类和分类、函数逼近、控制、生物信息学、信号处理、语音处理等。

前馈神经网络由几个按层排列的神经元(处理单元)组成,每一层中的神经元与前一层的神经元有连接(权重)。从根本上说,前馈神经网络的优化、学习、训练是通过搜索一个适当的网络结构(一个函数)和权重(函数的参数)来实现的。寻找合适的网络结构包括确定合适的神经元(即激活函数)、神经元的数量、神经元的排列等。

单层感知器由输入层和输出层组成,是神经网络模型最简单的形式。然而,单层感知器无法求解非线性可分问题,因此多层感知器被提出,它通过在输入层和输出层之间包含一个或多个隐藏层来解决单层感知器存在的问题。反向传播算法被用于多层感知器的训练,经过训练的多层感知器能够解决非线性可分问题。

8.2.1 神经元

人工神经元简称神经元,是构成神经网络的基本单元,人工神经元主要是通过模拟生物神经元的结构和特性,接收一组输入信号并产生输出信号。一个生物神经元通常具有多个树突和一条轴突,树突用来接收信息,轴突用来发送信息。当神经元所获得的输入信号的积累超过某个阈值时,它就处于兴奋状态,产生电脉冲。轴突尾端的许多末梢可以和其他神经元的树突连接(突触),并将电脉冲信号传递给其他神经元。图8.1所示是典型的神经元结构。

前馈神经网络是由许多神经元(节点)组成的计算模型,这些神经元使用权重连接,并按层排列。因此,前馈神经网络具有特定的结构配置(体系结构),其中一层的节点与前一层的节点向前连接。如式(8.1)所示,前馈神经网络的节点能够处理来自连接权值的信息。数学上,节点(i)的输出(y_i)计算公式为:

$$y_i = \varphi_i (\sum_{j=1}^{n^i} w_j^i z_j^i + b^i) \tag{8.1}$$

其中,n^i 为传入连接总数;z_j^i 为输入;w_j^i 为权值;b^i 为偏置;$\varphi_i(\cdot)$ 为第 i 个节点的激活函数,将节点输出的幅值限制在一定范围内。

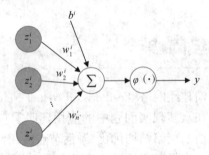

图 8.1　典型的神经元结构

在前馈神经网络中,每一个神经元分别属于不同的层,每一层的神经元可以接收前一层神经元的信号,并产生信号输出到下一层神经元。第 0 层神经元叫输入层,最后一层神经元叫输出层,处于中间层次的神经元叫隐藏层。

8.2.2 前馈神经网络结构

前馈神经网络是最早发明的简单人工神经网络。前馈神经网络也经常称为多层感知器(Multi-layer Perceptron,MLP)。但多层感知器的叫法并不是十分合理,因为前馈神经网络其实是由多层 Logistic 回归模型(连续的非线性函数)组成的,而不是由多层感知器(不连续的非线性函数)组成的。

前馈神经网络中没有反馈,信号从输入层输入,经过隐藏层,向输出层进行单向传播,最后在输出层输出结果,形成一个有向非成环图。这种前馈神经网络有若干个隐藏层,所以也叫多层感知器。前馈神经网络中相邻两层的神经元之间是全连接关系,也称为全连接神经网络。图8.2是一个前馈神经网络的结构表示,即函数 $f(x,w)$ 的表型,它由 p 维输入向量 $x = [x_1, x_2, \cdots, x_p]$ 和 n 维权重向量 $w = [w_1, w_2, \cdots, w_n]$ 组成,函数

$f(\boldsymbol{x},\boldsymbol{w})$ 是问题的解。

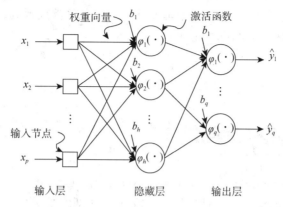

图 8.2　前馈神经网络

这里我们简单介绍结构优化,结构优化是指在节点上寻找合适的激活函数、节点的个数、层数、节点的排列等。因此,一个前馈神经网络优化的几个组成部分是:连接权重,架构(网络的层数,隐藏层上的节点数,节点之间连接的安排),节点(节点上的激活函数),学习算法(算法训练参数),学习环境等。

通过提供 N 组输入输出对的训练数据 $(\boldsymbol{X},\boldsymbol{Y})$ 进行训练,即 $\boldsymbol{X}=(\boldsymbol{x}_1,\boldsymbol{x}_2,\cdots,\boldsymbol{x}_N)$ 和 $\boldsymbol{Y}=(\boldsymbol{y}_1,\boldsymbol{y}_2,\cdots,\boldsymbol{y}_N)$。每个输入 $\boldsymbol{x}_i=[x_{i1},x_{i2},\cdots,x_{ip}]$ 是一个 p 维输入向量,它有对应的 q 维期望输出向量 $\boldsymbol{y}_i=[y_{i1},y_{i2},\cdots,y_{iq}]$。其中前馈神经网络的 n 维权重向量 $\boldsymbol{w}$ 可以用以下公式优化:

$$w^{t+1}=w^t+\Delta w^t \tag{8.2}$$

其中,Δw^t 为第 t 次迭代时的权值变化(一个相加项)。第 i 层的权值变化 Δw_i^t 的计算方法为:

$$\Delta w_i^t=\eta^t e_i^t x_i^t \tag{8.3}$$

其中,η^t 是学习率,控制第 t 次迭代时权值变化的大小;e_i^t 是第 t 次学习迭代时的误差,对应于提交给前馈神经网络的第 i 个训练输入 x_i^t。第 t 次学习迭代时的误差 e_i^t 的计算公式为:$e_i^t=\sum_{j=1}^q (y_{ij}^t-\hat{y}_{ij}^t)^2$,其中 y_{ij}^t 和 $\hat{y}_{ij}^t$ 分别是第 t 次迭代的期望输出和前馈神经网络的输出。

8.2.3　反向传播算法

反向传播(Back Propagation,BP)算法是前馈神经网络优化的一阶梯度下降算法。在反向传播中,输出层计算的误差要向后传播到隐藏层。BP 算法有两个阶段的计算:前向计算和后向计算。其中第 t 次迭代时,计算第 i 层的权值变化 Δw_i^t 为:

$$\Delta w_i^t=\alpha^t\,w_i^{t-1}+\eta^t\,g^t y_{i-1} \tag{8.4}$$

其中,y_{i-1} 为上一层 $[(i-1)$ 层$]$ 的输出;η^t 为学习率;α^t 为动量因子。

学习率 η^t 和动量因子 α^t 的选择是梯度下降技术的关键。动量因子 α^t 允许反向传播训练与之前的迭代权值有偏差,这有助于加快收敛速度。反向传播对这些参数非常敏感。学习率过小,学习就会变慢;学习率过大,学习就会呈锯齿形,算法可能不会收敛到要求的满意程度。此外,高动量因子会导致出现局部极小值的概率变大,而低动量因子可能会避免局部极小值,但学习将会非常缓慢。一些经典的反向传播算法速度较慢,很容易陷入局部极小值的情况。

8.3 卷积神经网络

卷积神经网络(Convolutional Neural Network,CNN 或 ConvNet)是一种具有局部连接、权重共享等特性的深层前馈神经网络。卷积神经网络是受生物学上感受野机制的启发而提出的。感受野机制主要是指听觉、视觉等神经系统中一些神经元的特性,即神经元只接受其所支配的刺激区域内的信号。

目前,深度学习的主要形式是深层神经网络,而深度卷积神经网络是其中一种经典且广泛应用的结构。它一般是由卷积层、池化层和全连接层交叉堆叠而成的前馈神经网络。卷积神经网络有三个结构上的特性:局部连接、权重共享以及汇聚。这些特性使得卷积神经网络具有一定程度上的平移、缩放和旋转不变性。和前馈神经网络相比,卷积神经网络的参数更少。随着深度学习方法在诸多领域的不断深入应用,深层卷积神经网络在特征学习、目标分类、边框回归等方面表现出的优势已愈发突出。

8.3.1 卷积的数学性质

卷积神经网络目前已经被应用于不同的任务,特别是在与视觉识别相关的任务方面已经显示出重要的进展。然而,这些技术的应用通常需要几个设计决策;卷积神经网络通常由许多卷积层和池化层组成,其中包含数百个大小不同的过滤器,以及其他超参数。

卷积是分析数学中的一种内积运算,工程领域经常用一维或二维卷积来对信号或图像进行处理,根据卷积内积计算的不同,卷积分为正序卷积和逆序卷积。设一个图像 $X \in R^{M \times N}$ 和一个卷积核 $W \in R^{U \times V}$,其中 $U \ll M, V \ll N$。可以将 X 和 W 的正序卷积定义为:

$$y_{ij} = \sum_{u=1}^{U} \sum_{v=1}^{V} w_{uv} x_{i+u-1, j+v-1} \tag{8.5}$$

其中,w_{uv} 和 $x_{i+u-1, j+v-1}$ 分别为 W 和 X 中的元素。将图像 X 和卷积核 W 的正序卷积运算记为 $Y = W \otimes X$。进一步地,可以将 W 和 X 的逆序卷积定义为:

$$y_{ij} = \sum_{u=1}^{U} \sum_{v=1}^{V} w_{uv} x_{i-u+1, j-v+1} \tag{8.6}$$

与正序卷积不同,逆序卷积中 y_{ij} 的下标 (i,j) 从 (U,V) 开始。将图像 X 和卷积核 W 的逆序卷积运算记为 $Y = W * X$,正序卷积与逆序卷积有以下关系:

$$W \otimes X = rot180(W) * X \tag{8.7}$$

其中,$rot180(W)$ 表示将卷积核 W 以左上角为原点旋转180°。

卷积层之后通常是批量归一化和激活函数,以激活函数 ReLU 为例,如下所示:

$$\text{ReLU}(x) = \max(x, 0) \tag{8.8}$$

其中,x 是一个数字输入;max 是返回其参数中较大值的函数。

卷积层的输出通常被称为特征图或激活图,因为它预计会携带从数据中提取的特征。图 8.3 显示了卷积操作的一个例子。输入大小为 4×4,滤波器大小为 3×3,结果是根据感兴趣区域的中心值的位置来映射的。当不添加填充时,结果的维度会更小。滤波器中的权重值是学习到的参数,b 对应于滤波器的偏置值。

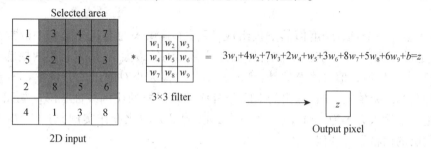

图 8.3　卷积操作实例

8.3.2　卷积神经网络结构

卷积层、池化层和全连接层是卷积神经网络的重要组成部分。

8.3.2.1　卷积层

这一层是卷积神经网络的主要构建模块,卷积层的作用是提取一个局部区域的特征,不同的卷积核相当于不同的特征提取器。

卷积层决定了在接受野中相关输入的输出。这个输出是通过卷积核来实现的,卷积核在信息数据的高度和宽度上进行卷积,计算输入值和过滤器值之间的点积,从而构建该过滤器的二维激活映射。通过这种方法,卷积神经网络可以快速学习这些过滤器,当在输入的某些空间位置观察到特定类型的特征时,这些过滤器就会被激活。

在卷积层中,首先由人工指定卷积核的大小和深度,再将这个可学习的卷积核对上一层的特征图进行卷积。在初始化时程序会随机生成权重参数,并且这些权重值可以在之后的训练中被不断优化,进而得到最好的分类结果。最后,由一个激活函数得到输出特征图。

假设卷积层的输入特征映射组为 $X^{M \times N \times D}$,其中每一个输入特征映射为 $X^d \in R^{M \times N}$,$1 \leqslant d \leqslant D$。卷积核为 $W \in R^{U \times V \times P \times D}$,其中每一个 $W^{(p,d)} \in R^{U \times V}$ 为一个二维卷积核,$1 \leqslant p \leqslant P$,$1 \leqslant d \leqslant D$。输出特征映射组 $Y^{M' \times N' \times P}$,其中每一个输出特征映射为 $Y^p \in R^{M' \times N'}$,$1 \leqslant p \leqslant P$。

计算输出特征映射 $Y^p \in R^{M' \times N'}$,首先要用卷积核 $W^{(p,1)}$、$W^{(p,2)}$、$\cdots$、$W^{(p,D)}$ 分别对输入特征映射 X^1、X^2、$\cdots$、X^D 进行卷积,卷积后把每个结果相加到一起,再加一个偏置 b^p 便可以得出卷积层的净输出 z^p,然后通过一个激活函数后就能得到输出特征映射。

$$z^p = W \otimes X + b^p = \sum_{d=1}^{D} W^{(p,d)} \otimes X^p + b^p \tag{8.9}$$

$$Y^p = f(z^p) \tag{8.10}$$

常用的激活函数有 sigmoid、tanh、ReLU 等,sigmoid、tanh 比较常见于全连接层,ReLU

常见于卷积层。激活函数的作用是用来加入非线性因素的,因而把卷积层的输出结果叫作非线性映射。

8.3.2.2　池化层

卷积神经网络可以有局部池化层或全局池化层,它的主要任务是缩小表征的空间大小,以减少模型中的参数和计算的数量。它不仅加快了计算速度,还避免了过度拟合的问题。

池化层由一个具有跨度值的空核组成,降低了其输入的空间分辨率。最常见的池化方法是最大池化和平均池化,前者提取内核感知到的最大值,后者获得内核感知到的数值的算术平均值。值得注意的是,跨度大小和内核大小对输出的分辨率都有重要作用。然而,当步幅值较大时,输出的空间分辨率会以同样的比例线性下降。如图8.4所示,这是一个输入大小为4×4,内核大小为2×2的最大池化操作实例,与卷积层不同的是,池化层的内核没有任何权值。

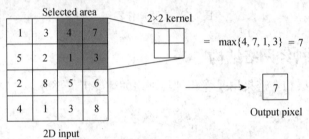

图 8.4　最大池化操作实例

池化层一般加在卷积层后,用来减少特征的数量,对特征进行选择,降低输入图片的像素,进而减少全连接层学习参数的数量。池化层也可以看作一个卷积层,卷积核为 max 函数或 mean 函数。使用最大值池化操作的池化层被称为最大池化层。最大池化层保留了每个区域内的最大值,即保留了这一区域内的最佳匹配结果。使用平均值操作的池化层被称为平均池化层。池化层卷积核的尺寸和步长是人工设置的。

假设$X^{M \times N \times D}$为池化层的输入特征映射组,将每个特征映射$X^d \in R^{M \times N}$,$1 \leq d \leq D$ 划分成多个区域$R_{m,n}^d$,x_i为指定区域内每个神经元的值。池化指的是对每一个区域进行下采样操作并得到一个值,该值作为这个区域的概括。

（1）最大池化:选取指定区域$R_{m,n}^d$内最大的一个数来代表整片区域,即

$$y_{m,n}^d = \max\ x_{i \in R_{m,n}^d} \tag{8.11}$$

其中 x_i 为指定区域内每个神经元的值。

（2）平均池化:选取指定区域$R_{m,n}^d$ 内数值的平均值来代表整片区域,即

$$y_{m,n}^d = \frac{1}{|R_{m,n}^d|} \sum_{i \in R_{m,n}^d} x_i \tag{8.12}$$

对输入特征映射 X^d 的 $M' \times N'$ 个区域都进行子采样操作,便得到代表每个区域的特征值,进而得到池化层的输出映射$Y^d = \{y_{m,n}^d\}$,$1 \leq d \leq M'$,$1 \leq d \leq N'$。图8.5 给出池化层中最大池化和平均池化示例。

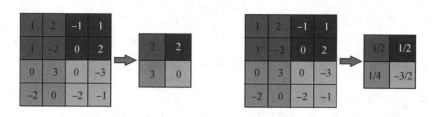

图8.5 最大池化(左图)和平均池化(右图)示例

8.3.2.3 全连接层

连接层是标准的深度神经网络,从激活中建立预测,用于分类或回归。全连接层的原理与传统的多层感知器神经系统类似。该层获得了与前导层中每个激活的完整连接,激活可以通过使用矩阵乘法和偏置来计算。

全连接层是一个位于网络末端的前馈层。全连接层的集合构成了一个分类器。来自网络特征提取部分的数据必须被展开,即将这些数据转换为线性阵列,以适应第一个全连接层。每个神经元都有自己的激活函数,ReLU 就是一个最常见的激活函数,并且在最后一层通常采用用于多分类任务的 softmax 激活函数。

全连接层是特征提取的输出表达,它的作用就是作为 CNN 中的"分类器"。把最终输出的特征映射作为全连接层的输入特征向量,其维数等于最后一个输出特征映射层的网络节点的数量。基于该输入的特征向量,在全连接层训练分类器模型以进行分类识别。

在卷积神经网络中,将卷积层、池化层和全连接层组合在一起,从数据中抽象出有用的特征来组成学习模式。卷积神经网络的架构也分为不同的类别,有些架构是内连构建的,即一层的输出只是下一层的输入,例如 LeNet-5,AlexNet 和 VGGNet。还有一些网络的架构利用跳跃连接,即一层的输出与比下一层更远的层的输入进行相连,例如 ResNet 和 DenseNet。当一层收到两个以上的层的输入时,会进行元素相加或串联。如果输入的空间分辨率不匹配,则采用填充法,即在边界处添加"虚拟"值。

8.3.3 参数学习

在全连接网络中,损失函数的梯度通过每一层的敏感度 δ 进行反向传播来计算参数的梯度。在卷积神经网络中,参数为卷积核中的权重和偏置。设第 l 层为卷积层,且第 $(l-1)$ 层的输出特征映射组为 $X^{(l-1)} \in R^{M \times N \times D}$,即第 l 层的输入特征映射组为 $\{X^{(l-1,1)},X^{(l-1,2)},\cdots,X^{(l-1,D)}\}$。再设第 l 层的第 p 个卷积核为 $\{W^{(l,p,1)},W^{(l,p,2)},\cdots,W^{(l,p,D)}\}$ 及第 p 个偏置为 $b^{(l,p)}$,即卷积核的深度为 D。其中 $W^{(l,p,d)} \in R^{U \times V}$,$1 \leqslant p \leqslant P$,$1 \leqslant d \leqslant D$。经过卷积计算得到的第 l 层的第 p 个特征映射的净输入为

$$z^{(l,p)} = \sum_{d=1}^{D} W^{(l,p,d)} \otimes X^{(l-1,d)} + b^{(l,p)} \tag{8.13}$$

第 l 层中共有 P 个卷积核和 P 个偏置,每个卷积核的深度为 D,因此共有 $P \times D$ 个二维卷积核,可以使用链式法则来计算卷积核的参数和偏置的梯度。

损失函数 $loss$ 关于第 l 层的卷积核 $W^{(l,p,d)}$ 的偏导数为

$$\frac{\partial loss}{\partial W^{(l,p,d)}} = \boldsymbol{\delta}^{(l,p)} \otimes X^{(l-1,d)} \tag{8.14}$$

其中, $\boldsymbol{\delta}^{(l,p)} = \frac{\partial loss}{\partial z^{(l,p)}}$ 为 l 层第 p 个特征映射的敏感度矩阵。

设第 l 层的输入特征映射组为 $\{X^{(l-1,1)}, X^{(l-1,2)}, \cdots, X^{(l-1,D)}\}$, 其中 $X^{(l-1,d)} \in R^{M \times N}$; 第 l 层第 p 个的卷积核为 $\{W^{(l,p,1)}, W^{(l,p,2)}, \cdots, W^{(l,p,D)}\}$, 其中 $W^{(l,p,D)} \in R^{U \times V}$。根据卷积定义公式可知, 在零填充步长为 1 的情况下第 l 层第 p 个特征映射共有 $(M-U+1) \times (N-V+1)$ 个神经元, 其集合记为 $\{z_{ij}^{(l,p)}\}$, 其中 $1 \leqslant i \leqslant M-U+1, 1 \leqslant j \leqslant N-V+1$。每个神经元 $z_{ij}^{(l,p)}$ 都是二维卷积核 $W^{(l,p,d)}$ 的函数。

第 l 层第 p 个特征映射的任意一个神经元的净输入为

$$z_{ij}^{(l,p)} = \sum_{d=1}^{D} \sum_{u=1}^{U} \sum_{v=1}^{V} w_{uv}^{(l,p,d)} x_{i+u-1,j+v-1}^{(l-1,d)} + b^{(l,p)} \tag{8.15}$$

因此, 对于任意的权值 $w_{uv}^{(l,p,d)}$, 由导数的链式法则得

$$\frac{\partial loss}{\partial w_{uv}^{(l,p,d)}} = \sum_{i=1}^{M-U+1} \sum_{j=1}^{N-V+1} \frac{\partial loss}{\partial z_{ij}^{(l,p)}} \frac{\partial z_{ij}^{(l,p)}}{\partial w_{uv}^{(l,p,d)}} \tag{8.16}$$

由式 (8.16) 得

$$\frac{\partial z_{ij}^{(l,p)}}{\partial w_{uv}^{(l,p,d)}} = x_{i+u-1,j+v-1}^{(l-1,d)} \tag{8.17}$$

故可知

$$\frac{\partial loss}{\partial w_{uv}^{(l,p,d)}} = \sum_{i=1}^{M-U+1} \sum_{j=1}^{N-V+1} \frac{\partial loss}{\partial z_{ij}^{(l,p)}} x_{i+u-1,j+v-1}^{(l-1,d)} \tag{8.18}$$

记 $\frac{\partial loss}{\partial z_{ij}^{(l,p)}} = (\frac{\partial loss}{\partial z_{ij}^{(l,p)}})$, 其大小为 $(M-U+1) \times (N-V+1)$。由卷积的定义得, $\frac{\partial loss}{\partial w_{uv}^{(l,p,d)}} = \frac{\partial loss}{\partial z_{ij}^{(l,p)}} \otimes X^{(l-1,d)}$。

记 $\boldsymbol{\delta}^{(l,p)} = \frac{\partial loss}{\partial z_{ij}^{(l,p)}}$, 则有 $\frac{\partial loss}{\partial w_{uv}^{(l,p,d)}} = \boldsymbol{\delta}^{(l,p)} \otimes X^{(l-1,d)}$。

损失函数 $loss$ 关于第 l 层第 p 个特征映射的偏置 $b^{(l,p)}$ 的偏导数为

$$\frac{\partial loss}{\partial b^{(l,p)}} = \sum_{i,j} [\boldsymbol{\delta}^{(l,p)}]_{i,j} \tag{8.19}$$

其中 $\boldsymbol{\delta}^{(l,p)} = \frac{\partial loss}{\partial z_{ij}^{(l,p)}}$ 为 l 层第 p 个特征映射的敏感度矩阵。由式 (8.15) 知, 对于偏置 $b^{(l,p)}$, 由导数的链式法则得

$$\frac{\partial loss}{\partial b^{(l,p)}} = \sum_{i=1}^{M-U+1} \sum_{j=1}^{N-V+1} \frac{\partial loss}{\partial z_{ij}^{(l,p)}} \frac{\partial z_{ij}^{(l,p)}}{\partial b^{(l,p)}} \tag{8.20}$$

由 $\frac{\partial z_{ij}^{(l,p)}}{\partial b^{(l,p)}} = 1$ 可知 $\frac{\partial loss}{\partial b^{(l,p)}} = \sum_{i=1}^{M-U+1} \sum_{j=1}^{N-V+1} \frac{\partial loss}{\partial z_{ij}^{(l,p)}} = \sum_{i,j} \frac{\partial loss}{\partial z_{ij}^{(l,p)}}$。记 $\boldsymbol{\delta}^{(l,p)} = \frac{\partial loss}{\partial z_{ij}^{(l,p)}}$, 则有 $\frac{\partial loss}{\partial b^{(l,p)}} = \sum_{i,j} [\boldsymbol{\delta}^{(l,p)}]_{i,j}$。

当第$(l+1)$层为卷积层时,第l层第d个特征映射的敏感度矩阵为

$$\delta^{(l,d)} = f'_l(z^{(l,d)}) \odot \sum_{p=1}^{P} (rot180(W^{(l+1,p,d)}) \otimes \delta^{(l+1,p)}) \quad (8.21)$$

其中,$f_l(\cdot)$是第l层的激活函数;$f'_l(\cdot)$是$f_l(\cdot)$的导数;$\odot$表示矩阵的点对点乘积。

8.4 循环神经网络

由于前馈神经网络信息传递具有单向性,这种网络变得容易学习,但是会在一定程度上降低神经网络模型的学习能力。前馈神经网络可以看作一个复杂的函数,如果每次的输入都是独立的,那么网络的输出也只依赖当前的输入。但是在很多现实任务中,网络的输出不仅和当前时刻的输入相关,也和其过去一段时间的输出相关。所以前馈神经网络很难处理时间序列数据,这就需要一种能力更强的模型。

循环神经网络(Recurrent Neural Network,RNN)主要用于处理时间序列数据,其最大的特点就是神经元在某时刻的输出可以作为输入再次输入神经元,这种串联的网络结构非常适用于时间序列数据,可以保持数据中的依赖关系。

对于展开后的循环神经网络,可以得到重复的结构并且网络结构中的参数是共享的,大大减少了所需训练的神经网络参数。共享参数也使得模型可以扩展到不同长度的数据上,所以循环神经网络的输入可以是不定长的序列。例如,要训练一个固定长度的句子:若使用前馈神经网络,会给每个输入特征一个单独的参数;若使用循环神经网络,则可以在时间步内共享相同的权重参数。

8.4.1 简单循环神经网络结构

循环神经网络是传统前馈神经网络的扩展,能够处理可变长度的序列输入。它通过内部的循环隐变量学习可变长度输入序列的隐表示,隐变量每一时刻的激活函数输出都依赖前一时刻循环隐变量激活函数的输出。给定一个输入序列$x = (x_1, x_2, \cdots, x_T)$,则 RNN 隐变量的循环更新过程如下:

$$h_t = g(W x_t + U h_{t-1}) \quad (8.22)$$

其中,g 是一个激活函数(如 sigmoid 函数或者 tanh 函数)。W 是输入这一时刻隐变量的权重矩阵,U 是前一个时刻隐变量到这一时刻隐变量的权重矩阵。在给定当前隐藏状态 h_t 的情况下,循环神经网络可以用来表示输入序列上的联合概率分布,也就是用生成式模型的观点解释循环神经网络的更新过程:每一个时刻的更新公式生成一个条件概率分布,所有时刻的条件概率分布的乘积得到联合概率分布。因为循环神经网络引入了特殊的终止符号来探知可变长度序列的结束位置,因此循环神经网络可以很自然地表示可变长度序列上的概率分布。

循环神经网络应用于输入数据具有依赖性且是序列模式时的场景,即前一个输入

和后一个输入是有关系的。循环神经网络的隐藏层是循环的,这表明隐藏层的值不仅取决于当前的输入值,还取决于前一时刻隐藏层的值。具体的表现形式是,循环神经网络"记住"前面的信息并将其应用于计算当前输出,这使得隐藏层之间的节点是有连接的。

图 8.6 展示了存在回路的循环神经网络结构,通过隐藏层上的回路连接,使得前一时刻的网络状态能够传递给当前时刻,当前时刻的状态也可以传递给下一时刻。

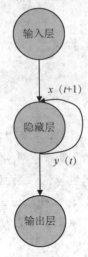

图 8.6　存在回路的循环神经网络结构

可以将循环神经网络看作所有层共享权值的深度前馈神经网络,通过连接两个时间步来扩展。参数共享的概念早在隐马尔可夫模型中就已经出现,隐马尔可夫模型常用于序列数据建模,并且在语音识别领域一度取得很好的效果。隐马尔可夫模型和循环神经网络均使用内部状态来表示序列中的依赖关系。当时间序列数据存在长距离的依赖,并且该依赖的范围随时间变化或者未知,那么循环神经网络可能是相对较好的解决方案。

图 8.7 中,在 t 时刻,隐藏单元 h 接收来自两方面的数据,分别为网络前一时刻的隐

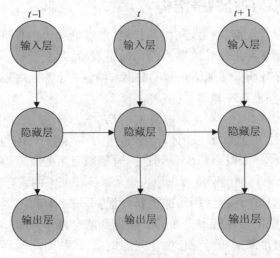

图 8.7　循环神经网络结构图

藏单元的值 h_{t-1} 和当前的输入数据 x_t，并通过隐藏单元的值计算当前时刻的输出。($t-1$)时刻的输入 x_{t-1} 可以在之后通过循环结构影响 t 时刻的输出。循环神经网络的前向计算按照时间序列展开，然后使用随时间反向传播(Back Propagation Through Time,BPTT)算法对网络中的参数进行更新,这也是目前循环神经网络最常用的训练算法。

循环神经网络在正向传递过程中遵循递归关系,并利用反向传播进行学习,其序列数据在其所有特征之间具有时间依赖性。循环神经网络可应用于许多实时应用程序,如语音合成、自然语言处理、音乐生成和图像字幕生成。它通过识别不同数据点之间的短期和长期序列依赖关系来很好地处理序列数据。从这些依赖关系中,循环神经网络提取隐藏模式并利用这些知识进行预测,每次处理输入向量序列中的一个输入向量,并将该状态信息保留在网络本身中。它循环连接并通过考虑前面的状态信息和当前输入生成输出。

循环神经网络能够对长序列的输入信息进行操作。通过在水平方向和垂直方向设计网格,提高循环神经网络的预测性能,最好的方法是将元素的数量作为输入,将预期的序列长度作为输出。深度学习网络同步循环神经网络的输出以获得正确的结果,根据给定的输入和生成的输出的数量,将循环神经网络分为一对一、一对多、多对一和多对多四种类型。

一对一类型的循环神经网络只接受一个固定大小的输入,也只产生一个固定的输出。一对多类型的循环神经网络也只利用一个固定大小的输入,但它产生多个输出序列。这两种循环神经网络模型用于生成音乐和图像处理区域。多对一类型的循环神经网络得到多个输入序列,只产生一个输出,主要用于时间序列分析、能源预测、情感分析和股票市场预测。多对多类型的循环神经网络接受多个输入并产生多个输出,有两种表示方式:第一种类型是固定大小的输入和输出数据序列;第二种类型是输入和输出大小不同的数据序列,主要用于机器翻译模型。

8.4.2 参数学习

循环神经网络可以通过在每个单元中循环回溯过去的信息来轻松地处理大型数据集。对于每个时间步骤,循环神经网络利用一定的激活函数单元,这些单元中的每一个都包含隐藏状态,作为激活单元的内部状态。隐性状态代表过去的信息,这些信息被激活单元提前处理过,并在特定的时间步骤中保持,而且这些状态信息在每个时间步骤中都会定期更新,以显示更新的知识。

在循环神经网络中,隐藏状态通过使用递归关系来更新。在 t 时刻,一个单一的时间步长被作为输入提供。然后通过使用提供给网络的输入和以前的状态值来计算当前状态。计算出的当前状态 h_t 将被用作下一个时刻[即($t-1$)时刻]的前一个状态值,所以在 t 时刻的当前状态 h_t 成为($t-1$)时刻的前一个状态 h_{t-1}。当所有时间步骤的输出都被计算完成,最终的当前状态被计算出来,循环神经网络的最终输出是根据最终的当前状态计算的,再通过比较计算出的输出和实际输出来计算误差值。最后,这个误差被反向传播到网络,进而更新权重。

循环神经网络的正向传播可以表示如下:

$$\begin{cases} h_t = \sigma(\boldsymbol{W}_{xh}\, x_t + \boldsymbol{W}_{hh}\, h_{t-1} + \boldsymbol{b}_h) \\ o_{l+1} = \boldsymbol{W}_{hy}\, h_t + \boldsymbol{b}_y \\ y_t = \mathrm{softmax}(o_t) \end{cases} \qquad (8.23)$$

其中,$\boldsymbol{W}_{xh}$为输入单元到隐藏单元的权重矩阵;$\boldsymbol{W}_{hh}$为隐藏单元之间的连接权重矩阵;$\boldsymbol{W}_{hy}$为隐藏单元到输出单元的连接权重矩阵;$\boldsymbol{b}_y$和$\boldsymbol{b}_h$为偏置向量。计算过程中所需要的参数是共享的,因此理论上循环神经网络可以处理任意长度的序列数据。h_t的计算需要h_{t-1},h_{t-1}的计算又需要h_{t-2},以此类推,所以循环神经网络中某一时刻的状态对过去的所有状态都存在依赖。循环神经网络的输出序列的长度并不一定与输入序列长度一致,根据不同的任务要求,可以有多种对应关系。

前馈神经网络中,通过学习得到的映射关系,可以将输入向量映射到输出向量,从而使得输入和输出向量相互关联;循环神经网络是前馈神经网络在时间维度上的扩展。对于前馈神经网络,它接受固定大小的向量作为输入并产生固定大小的输出,这样对于输入的限制就很大;然而,对于循环神经网络来说,无论是输入序列还是输出序列都并没有这个限制。

如图 8.8 所示,(a)表示传统的、固定尺度的输入到固定尺度的输出;(b)表示序列输入,可用于表示情感分析等任务,给定句子,然后将其与一个情感表示向量关联。(c)表示序列输出,可以用于表示图片描述等任务,输入固定大小的向量表示的图片,输出图片描述。(d)和(e)中的输入和输出均为序列数据,且输入和输出分别为非同步和同步。(d)可以用于机器翻译等任务。(e)常用于语音识别。

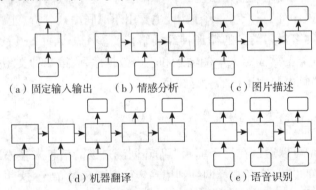

（a）固定输入输出　　（b）情感分析　　（c）图片描述

（d）机器翻译　　　　　　　　（e）语音识别

图 8.8　循环神经网络的输入和输出

从循环神经网络的结构可知,循环神经网络下一时刻的输出值是由前面多个时刻的输入值共同影响的,而在有些情况下输出值可能还会受后面时刻的输入值的影响。例如,小明的玩具车坏了,他打算_____这辆玩具车。如果只看横线前面的词并不能准确地判断出横线处是"修",因为在这种语境下也可以是"卖"或其他结果。由于单向循环神经网络无法对这种情况进行建模,故提出双向循环神经网络(Bidirectional RNN)。双向循环神经网络的结构如图 8.9 所示,可以看到双向循环神经网络的隐藏层需要记录两个值。A 参与正向计算,A'参与反向计算。最终的输出值y_2取决于A_2和 A'_2。

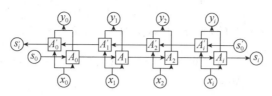

图 8.9 双向循环神经网络结构图

在实际应用中,循环神经网络常常面临训练方面的难题,尤其是随着模型深度的不断增加,循环神经网络并不能很好地处理长距离的依赖。Jacobian 矩阵的乘积往往会呈指数级增大或者减小,其结果是使得长期依赖特别困难。训练循环神经网络的过程中容易出现梯度爆炸和梯度消失的问题,导致在训练时梯度的传递性不高,即梯度不能在较长序列中传递,从而使 RNN 无法检测到长序列的影响。梯度爆炸问题是指在循环神经网络中,每一步的梯度更新可能会积累误差,最终导致梯度变得非常大,以至于循环神经网络的权值进行大幅更新,程序收到 Nan 错误。

通常使用随时间反向传播算法来训练循环神经网络,BPTT 算法的主要思想是通过类似前馈神经网络的误差反向传播算法来计算梯度。

基于梯度的学习需要模型参数 θ 和损失函数 L 之间存在闭式解,根据估计值和实际值之间的误差来最小化损失函数,那么在损失函数上计算得到的梯度信息可以传回模型参数并进行相应修改。假设对于序列 $(x_1, x_2, \cdots, x_t)$,通过 $s_t = F_\theta(s_{t-1}, x_t)$ 将前一时刻的状态 s_{t-1} 映射到下一时刻的状态 s_t。T 时刻损失函数 L_T 关于参数的梯度为:

$$\nabla_\theta L_T = \frac{\partial L_T}{\partial \theta} = \sum_{t \leq T} \frac{\partial L_T}{\partial S_T} \frac{\partial S_T}{\partial S_t} \frac{\partial F_\theta(s_{t-1}, x_t)}{\partial \theta} \qquad (8.24)$$

根据链式法则,将 Jacobian 矩阵 $\frac{\partial S_T}{\partial S_t}$ 分解,如式(8.25)所示:

$$\frac{\partial S_T}{\partial S_t} = \frac{\partial S_T}{\partial S_{T-1}} \frac{\partial S_{T-1}}{\partial S_{T-2}} \cdots \frac{\partial S_{t+1}}{\partial S_t} = f'_T f'_{T-1} \cdots f'_{t+1} \qquad (8.25)$$

循环神经网络若要可靠地存储信息,则应满足 $|f_{t'}| < 1$,也意味着当模型能够保持长距离依赖 z 时,其本身也处于梯度消失的情况下。随着时间跨度增加,梯度 $\nabla_\theta L_T$ 也会以指数级收敛于 0。当 $|f_{t'}| > 1$ 时,会发生梯度爆炸的现象,网络也陷入局部不稳定。

一般而言,梯度爆炸问题更容易处理,可以通过设置一个阈值来截取超过该阈值的梯度。梯度消失的问题更难检测,可以通过使用其他结构的循环神经网络来应对,例如长短期记忆网络(Long Short-Term Memory, LSTM)和门控循环单元(Gated Recurrent Unit, GRU)。

8.4.3 基于门控的循环神经网络结构

虽然循环神经网络最初的设计目的是学习长期的依赖性,但是大量的实践也表明,标准的循环神经网络往往很难实现信息的长期保存,并且存在梯度消失和梯度爆炸的困扰。这两个问题都是由循环神经网络的迭代性引起的,所以循环神经网络在早期并没有得到广泛的应用。因此,为了解决这些问题,研究人员开发了两种循环神经网络的变体,即长短期记忆网络(LSTM)和门控循环单元(GRU)。

8.4.3.1　长短期记忆网络(LSTM)

长短期记忆网络是循环神经网络的一个变体,可以有效地解决简单循环神经网络的梯度爆炸或梯度消失问题。

长短期记忆网络是循环神经网络的扩展,它使用内部细胞状态的矢量表示来记忆更长时间的隐藏状态信息。由于存在梯度消失问题,循环神经网络只能有短期记忆,而且存在"长期依赖"的问题。简单的循环神经网络的短期记忆可能会影响记忆的准确性。长短期记忆网络通过引入长期记忆解决了短期记忆问题。它保留了过去学习中所有需要的信息,并有选择性地丢弃与过去学习不相关的信息。

目前,在实际应用中使用最广泛的循环结构网络架构来自 Hochreiter 等提出的 LSTM 模型(无遗忘门),它能够有效解决 RNN 中存在的梯度消失问题,尤其在长距离依赖的任务中的表现远优于 RNN,梯度反向传播过程中不会再受到梯度消失问题的困扰,可以对存在短期或者长期依赖的数据进行精确的建模。LSTM 的工作方式与 RNN 基本相同,但 LSTM 包含了一个更加细化的内部处理单元,用于实现上下文信息的有效存储和更新。目前,LSTM 已经被用于大量的和序列学习相关的任务中,比如语音识别、语言模型、词性标注、机器翻译等。

长短期记忆网络单元有三种不同的门:输入门、遗忘门和输出门。输入门控制了当前时刻的输入能保存到单元状态的信息数。遗忘门控制了前一时刻能传递到当前时刻的单元状态的信息数。输出门决定了单元状态能输出到当前时刻的单元状态的信息数。长短期记忆网络的"门"结构如图 8.10 所示。

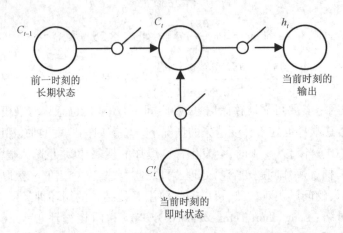

图 8.10　长短期记忆网络的"门"结构图

本文将长短期记忆网络中的隐藏单元称为 LSTM 单元。如图 8.11 所示,LSTM 单元中有三种类型的门控,分别为输入门、遗忘门和输出门。门控可以看作一层全连接层,LSTM 对信息的存储和更新正是由这些门控来实现的。更具体地说,门控是由 sigmoid 函数和点乘运算来实现的,门控并不会提供额外的信息。门控的一般形式可以表示为

$$g(x) = \sigma(\boldsymbol{W}x + \boldsymbol{b}) \tag{8.26}$$

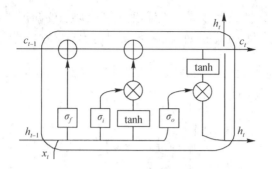

图 8.11 长短期记忆网络单元结构

其中，$\sigma(x) = 1/[1+\exp(-x)]$，称为 sigmoid 函数，是机器学习中常用的非线性激活函数，可以将一个实值映射到$[0,1]$，用于描述信息通过的多少。当门的输出值为 0 时，表示没有信息通过；当输出值为 1 时，表示所有信息都可以通过。

分别使用 i、f 和 o 来表示输入门、遗忘门和输出门，⊙代表对应元素相乘，W 和 b 表示网络的权重矩阵和偏置向量。

长短期记忆网络的前向计算过程可以表示为式(8.27)~式(8.31)。在时间步 t 时，LSTM 的隐藏层的输入和输出向量分别为x_t和h_t，记忆单元为c_t。输入门用于控制网络当前输入数据x_t流入记忆单元的多少，即有多少可以保存到c_t，其值为

$$i_t = \sigma(W_{xi}x_t + W_{hi}h_{t-1} + b_i) \tag{8.27}$$

遗忘门是 LSTM 单元的关键组成部分，可以控制哪些信息要保留，哪些要遗忘，并且以某种方式避免当梯度随时间反向传播时引发的梯度爆炸和梯度消失问题。遗忘门控制自连接单元，可以决定历史信息中的哪些部分会被丢弃，即前一时刻记忆单元 c_{t-1} 中的信息对当前记忆单元 c_t 的影响。

$$f_t = \sigma(W_{xf}x_t + W_{hf}h_{t-1} + b_f) \tag{8.28}$$

$$c_t = f_t \odot c_{t-1} + i_t \odot \tanh(W_{xc}x_t + W_{hc}h_{t-1} + b_c) \tag{8.29}$$

输出门控制记忆单元 c_t 对当前输出值 h_t 的影响，即记忆单元中的哪一部分会在时间步 t 输出。输出门的值如式(8.30)所示，LSTM 单元的在 t 时刻的输出 h_t 可以通过式(8.31)得到。

$$o_t = \sigma(W_{xo}x_t + W_{ho}h_{t-1} + b_o) \tag{8.30}$$

$$h_t = o_t \odot \tanh c_t \tag{8.31}$$

8.4.3.2　门控循环单元(GRU)

门控循环单元(GRU)是循环神经网络的另一个常用的变体，与 LSTM 类似，GRU 同样能比较有效地缓解循环神经网络的梯度消失问题。图 8.12 是 GRU 模型结构图。

GRU 没有窥视孔连接和输出激活函数，也没有线性自连接的记忆单元，而是直接线性累积在隐藏状态 h 上。它也利用了三个门，即更新门、当前记忆门和复位门。更新门的作用类似于输出门，决定哪些信息应该被传递到未来。复位门的作用类似于 LSTM 的输入门和遗忘门的组合版本，有助于决定要遗忘的信息。它不保持任何内部状态，相反，还将 LSTM 的内部状态信息纳入 GRU 的隐藏状态。最后，这些信息的收集被传递到下一个 GRU。当前的记忆门被并入复位门，并作为输入门的一个子部分。这不仅可以

为输入增加了一些非线性,还可以在一定程度上降低以前的知识对当前信息的影响。它通过使当前记忆门成为复位门的一个子部分,将以前的知识对当前信息的影响降到最低。

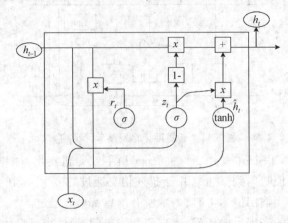

图 8.12　GRU 模型结构

首先,GRU 将当前输入和之前的隐藏状态作为输入向量。然后,它在元素基础上执行乘法运算,并为每个门计算参数化的当前输入和过去隐藏状态向量。在每个门上应用相应的激活函数如下所示:

$$Z_t = \sigma(W_z \cdot [h_{t-1}, x_t]) \tag{8.32}$$

$$r_t = \sigma(W_r \cdot [h_{t-1}, x_t]) \tag{8.33}$$

当前的记忆门的计算方式与其他门不同,它执行的是复位门与先前隐藏状态信息的 Hadmard 积。之后,这些信息被参数化并添加到当前的输入向量中。

$$\widetilde{h}_t = \tanh(W \cdot [r_t, * h_{t-1}, x_t]) \tag{8.34}$$

当前隐藏状态信息的计算方法如下:

$$h_t = (1 - z_t) * h_{t-1} + z_t * \widetilde{h}_t \tag{8.35}$$

GRU 使用两个门控控制信息流动,LSTM 单元中的输入门和遗忘门在 GRU 中组合为更新门,更新门用于控制隐藏状态的更新,即当 $u_t = 0$ 时,无论序列有多长,都可以保持最初时间步中的信息。更新门决定是否忽略之前的隐藏状态,分别使用 u 和 r 表示更新门和复位门。GRU 前向传播计算如下:

$$\begin{cases} u_t = \sigma(W_{xu}x_t + W_{hu}h_{t-1} + b_u) \\ r_t = \sigma(W_{xr}x_t + W_{hr}h_{t-1} + b_r) \\ \widetilde{h}_t = \tanh(W_{xh}x_t + W_{hh}(r_t \odot h_{t-1}) + b_h) \\ h_t = u_t h_{t-1} + (1 - u_t) \odot \widetilde{h}_t \end{cases} \tag{8.36}$$

GRU 模型使每个循环单元能够自适应地捕捉不同时间尺度的依赖关系,广泛应用于序列建模中。与 LSTM 单元类似,GRU 用两个门控单元来调节单元内部的信息流,但是它没有单独的记忆单元。更新门决定单元更新其内容的程度,复位门决定遗忘其之前隐藏状态的程度。GRU 由于模型相对简单,因此更适用于构建较大的网络。从计算角度看,由于只有两个门控,该模型的效率更高,可以节约计算成本。

GRU 功能强大,但序列中有缺失值时只能利用均值法,正向插补法或将前两个方法处理得到的输入、掩码(Masking)向量和时间间隔向量串联作为 GRU 的输入来填补缺失值,但是用均值法或正向插补法对缺失值进行插补并不能区分缺失值是插补的还是真实观测的,而简单地串联掩码向量和时间间隔向量无法利用缺失值的时间结构。

针对上述问题,有学者提出了 GRU-D 模型,通过有效利用掩码和时间间隔这两种信息丢失的表现形式对 GRU 进行扩展来有效处理缺失值的问题。掩码通知模型哪些输入被观察到(或丢失),而时间间隔封装了输入的观察模式。该模型通过对 GRU 的输入和隐藏状态应用掩码和时间间隔(使用衰减项)来捕获观测值及其依赖性,引入衰变机制,通过衰变率来控制衰变机制,并使用反向传播联合训练所有模型组件。因此,该模型不仅能捕捉到时间序列观测值的长时依赖,还能利用缺失模式来改善预测结果。

8.5 注意力机制

前馈神经网络和循环神经网络都具备很强的能力,但是由于优化算法和计算能力的限制,在实践中仍存在很多局限,特别是当处理大量输入信息或者进行复杂的计算流程时。当前计算机的计算能力依然是神经网络发展的瓶颈。

为了减少计算的复杂度,我们引入了一些机制来简化网络结构,如局部连接、权值共享和汇聚操作。虽然通过这些操作我们可以有效缓解模型复杂度和表示能力之间的矛盾,但是我们不希望以过量的增加模型的复杂度(主要指模型的参数量)为前提。因此,如何充分利用神经网络中可存储的信息量(网络容量)对于神经网络至关重要。

大脑神经网络同样存在容量问题,人脑对于工作的记忆大概只有几秒钟的时间,类似于循环神经网络中的隐藏状态,而人脑每个时刻接收的外界输入信息非常多,包括来自视觉、听觉、触觉的各种各样的信息。人脑在有限的资源下,并不能同时处理这些过载的输入信息。大脑神经系统有两个重要机制可以解决信息过载问题,即注意力机制和记忆机制。

借鉴人脑解决信息过载的机制,能够利用注意力机制通过自上而下的信息选择机制来过滤掉大量的无关信息。注意力机制是自深度学习快速发展后广泛应用于自然语言处理、统计学习、图像检测、语音识别等领域的核心技术。专家学者根据对人类注意力的研究,提出了注意力机制,本质上说就是实现信息处理资源的高效分配。当一个场景进入视野时,人往往会先关注场景中的一些重点,如动态的点或者突兀的颜色,剩下的静态场景可能会被暂时忽略。例如,当人们需要寻找图片中的人物信息时,会更多地注意符合人物特征的图片区域,而忽略那些不符合人物特征的图片区域,这样就是注意力的合理有效分配。

注意力机制能够以高权重去聚焦重要信息,以低权重去忽略不相关的信息,并且可以不断调整权重,使得在不同的情况下也可以选取重要的信息,因此具有更高的可扩展性和鲁棒性。其基本网络框架如图 8.13 所示。

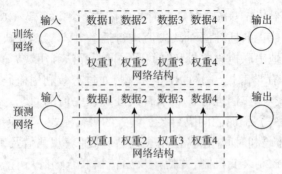

图 8.13　注意力机制基本网络框架

此外,它还能通过共享重要信息(即选定的重要信息)与其他人进行信息交换,从而实现重要信息的传递。

注意力机制在深度学习中能够发展迅速的原因主要有以下三个方面:

(1)这个结构是解决多任务最先进的模型,广泛用于机器翻译、问题回答、情绪分析、词性标记、对话系统、数据监测、故障诊断等。

(2)注意力机制的显著优点就是关注相关的信息而忽略不相关的信息,直接建立输入与输出之间的依赖关系而不通过循环,同时增加了并行化程度,大大提高了运行速度。

(3)它克服了传统神经网络中的一些局限,如随着输入长度增加系统的性能下降,输入顺序不合理导致系统的计算效率低下,系统缺乏对特征的提取和强化等。同时,注意力机制能够很好地对具有可变长度的序列数据进行建模,进一步增强了其捕获远程依赖信息的能力,减少了层次深度的同时又有效地提高了精度。

8.5.1　软性注意力机制

软性注意力机制是指在 N 个向量 $[x_1, x_2, \cdots, x_N]$ 输入时,我们不是从 N 个输入信息中选取一个,而是计算 N 个输入信息的加权平均值,再输入神经网络中计算。软性注意力机制的计算可以分为两步:一是在所有输入信息上计算注意力分布;二是根据注意力分布来计算输入信息的加权平均值。

8.5.1.1　注意力分布

为了从 N 个输入向量 $[x_1, x_2, \cdots, x_N]$ 中选取和某个特定任务相关的信息,我们需要引入一个和任务相关的表示,称为查询向量,并通过一个打分函数来计算每个输入向量和查询向量之间的相关性。

给定一个和任务相关的查询向量 q,我们用注意力变量 $z \in [1, N]$ 来表示被选择信息的索引位置。为了方便计算,我们采用一种"软性"的信息选择机制。首先计算在给定的 q 和 X 下,选择第 i 个输入向量的概率,即注意力分布 a_n。

$$a_n = p(z = n \mid X, q) = \mathrm{softmax}(s(x_n, q)) = \frac{\exp(s(x_n, q))}{\sum\limits_{j=1}^{N} \exp(s(x_j, q))} \tag{8.37}$$

其中,$s(x, q)$ 称为注意力打分函数。

8.5.1.2　加权平均

注意力分布 a_n 可以解释为在给定任务相关的查询 $\boldsymbol{q}$ 时,第 n 个输入向量受关注的程度。我们采用一种"软性"的信息选择机制对输入信息进行聚合,即

$$att(\boldsymbol{X}, \boldsymbol{q}) = \sum_{n=1}^{N} a_n x_n = \mathbb{E}_{z \sim p(z|\boldsymbol{X}, \boldsymbol{q})}\left[x_z\right] \tag{8.38}$$

图 8.14(a)给出了软性注意力机制的示例。

8.5.2　硬性注意力机制

软性注意力选择的信息是所有输入向量在注意力分布下的期望。硬性注意力则是指选择输入序列某一个位置上的信息,比如选择概率最大的信息或者随机选择一个信息。

硬性注意力有以下两种实现方式:

(1)一种是选取一个概率最大的输入向量,即

$$att(\boldsymbol{X}, \boldsymbol{q}) = \boldsymbol{x}_{\hat{n}} \tag{8.39}$$

其中,$\hat{n}$ 为概率最大的输入向量的下标,即 $\hat{n} = \underset{n=1}{\overset{N}{\arg\max}}\, a_n$。

(2)在注意力分布式上随机采样。

硬性注意力的一个缺点是基于最大采样或随机采样的方式来选择信息,使得最终的损失函数与注意力分布之间的函数关系不可导,无法使用反向传播算法进行训练。因此,硬性注意力通常需要使用强化学习来进行训练。为了使用反向传播算法,一般使用软性注意力来代替硬性注意力。

8.5.3　键值对注意力

通常情况下,我们可以用键值对(Key-value Pair)格式来表示输入信息,其中"键"用来计算注意力分布 a_n,"值"用来计算聚合信息。

用 $(K, V) = \left[(k_1, v_1), \cdots, (k_n, v_n)\right]$ 表示 N 组输入信息,给定任务相关的查询向量 $\boldsymbol{q}$ 时,注意力函数为

$$att((K, V), \boldsymbol{q}) = \sum_{n=1}^{N} a_n v_n = \sum_{n=1}^{N} \frac{\exp(s(k_n, \boldsymbol{q}))}{\sum_{j} \exp(s(k_j, \boldsymbol{q}))} v_n \tag{8.40}$$

其中,$s(k_n, \boldsymbol{q})$ 称为注意力打分函数。

图 8.14(b)给出了键值对注意力机制的示例。当 $K = V$,键值对模式就等价于软性注意力机制。

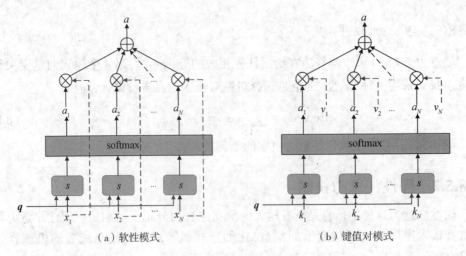

（a）软性模式　　　　　　　　　（b）键值对模式

图 8.14　注意力机制示例

8.5.4　自注意力模型

在神经网络的使用中,输入序列的长度往往是不确定的,通常可以使用卷积神经网络或循环神经网络进行编码来得到一个长度相同的输出向量序列。在上文我们提到,基于卷积或循环神经网络的序列编码可以建立序列之间的长距离依赖关系,但实际上,它们只建模了输入信息的局部依赖关系。虽然循环神经网络理论上可以建立长距离依赖关系,但是由于存在信息传递的容量以及梯度消失问题,实际上也只能建立短距离依赖关系。

如果要建立输入序列之间的长距离依赖关系,可以使用以下两种方法:一种方法是增加网络的层数,通过一个深层网络来获取长距离的信息交互;另一种方法是使用全连接网络。全连接网络是一种非常直接的建立长距离依赖的模型,但是无法处理变长的输入序列,而且不同的输入长度的连接权重的大小是不同的。这时我们就可以利用注意力机制来"动态"地生成不同连接的权重,这就是自注意力模型。

自注意力模型经常采用查询–键–值(Query-Key-Value,QKV)模式,其计算过程如图8.15 所示,其中加底的字母表示矩阵的维度。

假定输入序列为 $X = [x_1, x_2, \cdots, x_n] \in R^{D_x \times N}$,输出序列为 $H = [h_1, h_2, \cdots, h_n] \in R^{D_v \times N}$,自注意力模型的具体计算过程如下:

(1)对于每个输入 x_i,我们首先将其线性映射到三个不同的空间,得到查询向量 $q_i \in \mathbb{R}^{D_q}$、键向量 $k_i \in \mathbb{R}^{D_k}$ 和值向量 $v_i \in \mathbb{R}^{D_v}$。

对于整个输入序列 X,线性映射过程可以简写为

$$Q = W_q X \in R^{D_q \times N} \tag{8.41}$$

$$K = W_k X \in R^{D_k \times N} \tag{8.42}$$

$$V = W_v X \in R^{D_v \times N} \tag{8.43}$$

其中 $W_q \in \mathbb{R}^{D_q \times D_x}, W_k \in \mathbb{R}^{D_k \times D_x}, W_v \in \mathbb{R}^{D_v \times D_x}$ 分别是线性映射的参数矩阵,$Q = [q_1, q_2 \cdots, q_n], K = [K_1, K_2, \cdots, K_n], V = [v_1, v_2, \cdots, v_n]$ 分别是由查询向量、键向量和值向量构成的矩阵。

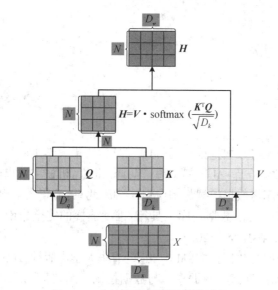

图 8.15　自注意力模型的计算过程

（2）对于每一个查询向量 $\boldsymbol{q}_n \in \boldsymbol{Q}$，可以得到输出向量 $\boldsymbol{h}_n$。

$$\boldsymbol{h}_n = att((\boldsymbol{K}, \boldsymbol{V}), \boldsymbol{q}_n) = \sum_{j=1}^N a_{nj}\boldsymbol{v}_j = \sum_{j=1}^N \text{softmax}(s(\boldsymbol{k}_j, \boldsymbol{q}_n))\,\boldsymbol{v}_j \quad (8.44)$$

其中，$n, j \in [1, n]$ 分别为输出和输入向量序列的位置；a_{nj} 表示第 n 个输出关注到第 j 个输入的权重。如果使用缩放点积来作为注意力打分函数，输出向量序列可以简写为

$$\boldsymbol{H} = \boldsymbol{V} \cdot \text{softmax}\left(\frac{\boldsymbol{K}^{\text{T}}\boldsymbol{Q}}{\sqrt{D_k}}\right) \quad (8.45)$$

其中，$\text{softmax}(\cdot)$ 为按列进行归一化的函数。

习题 8

1. 人工神经网络和大脑神经网络有哪些内在联系？

2. 简述前馈神经网络和多层感知器的关系。

3. 前馈神经网络优化的组成部分应该包括哪些？

4. 学习率和动量因子是如何影响梯度下降技术的？

5. 卷积层、池化层和全连接层分别有什么作用？

6. 分析卷积神经网络和循环神经网络的异同点。

7. 试分析 LSTM 网络和 GRU 网络为何能避免梯度消失。

8. 除了堆叠循环神经网络外，还有什么结构可以增加循环神经网络深度？

9. 软性注意力机制和硬性注意力机制有什么区别和联系？

10. 简述自注意力机制的计算过程。

11. 对比卷积神经网络和循环神经网络，试述自注意力模型有哪些优势。

参考文献

［1］黄德才. 数据仓库与数据挖掘教程［M］. 北京:清华大学出版社,2016.

［2］INMON W H. 数据仓库［M］. 王志海,等,译. 北京:机械工业出版社,2000.

［3］陈文伟. 数据仓库与数据挖掘教程［M］. 3 版. 北京:清华大学出版社,2021.

［4］KIMBALL R,ROSE M. 数据仓库工具箱:维度建模的完全指南［M］. 2 版. 谭金明, 译. 北京:电子工业出版社,2003.

［5］陈志泊. 数据仓库与数据挖掘［M］. 北京:清华大学出版社,2009.

［6］李春葆,蒋林,陈良臣,等. 数据仓库与数据挖掘应用教程［M］. 北京:清华大学出版 社,2016.

［7］袁汉宁,王树良,程永,等. 数据仓库与数据挖掘［M］. 北京:人民邮电出版社,2015.

［8］邱锡鹏. 神经网络与深度学习［M］. 北京:机械工业出版社,2020.

［9］杨丽,吴雨茜,王俊丽,等. 循环神经网络研究综述［J］. 计算机应用,2018,38(S2): 1-6,26.

［10］阿斯顿·张,李沐,扎卡里·C.立顿,等.动手学深度学习［M］.北京:人民邮电出版 社,2019.

［11］PEZZINI M,FEINBERG D,RAYNER N,et al. Hybrid Transaction/Analytical Processing Will Foster Opportunities for Dramatic Business Innovation［J］. Gartner,2014:4-20.

［12］LI G L,ZHANG C. HTAP Databases:What is New and What is Next［J］. In Proceed-ings of the 2022 International Conference on Management of Data (SIGMOD'22). As-sociation for Computing Machinery,New York,NY,USA,2022:2483-2488.